Gustav Mie

Zum Fundamentalsatz über die Existenz von Integralen partieller Differentialgleichungen

Gustav Mie

Zum Fundamentalsatz über die Existenz von Integralen partieller Differentialgleichungen

ISBN/EAN: 9783743620032

Hergestellt in Europa, USA, Kanada, Australien, Japan

Cover: Foto ©berggeist007 / pixelio.de

Manufactured and distributed by brebook publishing software (www.brebook.com)

Gustav Mie

Zum Fundamentalsatz über die Existenz von Integralen partieller Differentialgleichungen

Zum Fundamentalsatz über die Existenz von Integralen partieller Differentialgleichungen.

Inaugural-Dissertation

zur

Erlangung der Doctorwürde

der

hohen naturwissenschaftlich-mathematischen Facultät der Ruprecht-Carls-Universität zu Heidelberg

vorgelegt

von

Gustav Mie

aus Rostock i. M.

Dresden,
Druck von B. G. Teubner.
1892.

Erster Abschnitt.

Ueber unendliche Differentialgleichungssysteme.

1. Vorbemerkungen.

1. Eine Potenzreihe von unendlich vielen Variabeln $z_1, z_2, \ldots$ d. h. ein Ausdruck von der Form:

$$a_0 + a_1 z_1 + a_2 z_2 + \cdots + a_{11} \cdot z_1^2 + a_{12} \cdot z_1 z_2 + \cdots$$

hat nur dann einen Sinn, wenn positive, von Null verschiedene Zahlen $r_1, r_2, \ldots$ existiren, derart, dass die Modulreihe:

$$|a_0| + |a_1| \cdot r_1 + |a_2| \cdot r_2 + \cdots + |a_{11}| \cdot r_1^2 + |a_{12}| \cdot r_1 r_2 + \cdots$$

convergirt. Ein Unterschied gegen die Potenzreihen mit einer endlichen Zahl von Variabeln zeigt sich darin, dass sehr wohl eine solche Reihe von Zahlen $r_1, r_2, \ldots$ existiren kann, aber keine von Null verschiedene Zahl r vorhanden zu sein braucht, welche kleiner ist, als alle diese Zahlen, welche also, für alle z eingesetzt, eine convergente Reihe:

$$|a_0| + (|a_1| + |a_2| + \cdots) \cdot r + (|a_{11}| + |a_{12}| + \cdots) r^2 + \cdots$$

liefert.

Anmerkung. Hierdurch schliessen wir von der Untersuchung solche Reihen aus, welche für gewisse Bereiche von z-Werthen bedingt convergent sind, obwohl auch manche von diesen in gewissem Sinne eindeutige Functionen der z darstellen können. Sie könnten nämlich so beschaffen sein, dass bei irgend einer Umstellung der Glieder sich stets nur für gewisse Werthecombinationen der z der Werth der Reihe ändert, während er für alle anderen Combinationen derselbe bleibt. Ist die Anzahl der z endlich, so kann dies natürlich nicht eintreten.

2. Eine Potenzreihe mit einer endlichen Anzahl Variabeln wird nach einer Grösse, von welcher diese Variabeln abhängen, so differenzirt, dass man Glied für Glied differenzirt. Ist die Anzahl unendlich gross, so gilt dies bekanntlich nicht mehr allgemein (auch wenn die Reihe unbedingt convergirt). Wir schliessen die Reihen, bei denen man dies Verfahren

nicht anwenden kann, aus, durch die Forderung: Es soll der Differentialquotient von
$$F(x) = a_0 + a_1 z_1 + a_2 z_2 + \cdots + a_{11} z_1^2 + \cdots$$
sein:
$$F'(x) = a_1 z'_1 + a_2 z'_2 + \cdots + 2 a_{11} z_1 z'_1 + \cdots$$
falls derselbe überhaupt existirt. Ebenso die zweite Ableitung:
$$F''(x) = a_1 z''_1 + a_2 z''_2 + \cdots + 2 a_{11} z'^2_1 + 2 a_{11} z_1 z''_1 + \cdots \text{ u. s. f.}$$

3. Die Bedeutung der Coefficienten der Reihe: $V = a_0 + a_1 z_1 + \cdots$ ist natürlich:
$$a_0 = (V)_{\substack{z_1 = 0 \\ z_2 = 0}} \quad a_1 = \left(\frac{\partial V}{\partial z_1}\right)_{\substack{z_1 = 0 \\ z_2 = 0}} \text{ etc.}$$

Man kann die Potenzreihe fortsetzen und um einen Punkt $z_1 = \alpha_1$, $z_2 = \alpha_2 \ldots$ entwickeln, ob die Anzahl der z endlich oder unendlich ist.

4. Sei nun ein unendliches Differentialgleichungssystem vorgelegt:
$$\frac{dz_1}{dx} = f_1(x, z_1, z_2 \ldots)$$
$$\frac{dz_2}{dx} = f_2(x, z_1, z_2 \ldots)$$
$$\cdots\cdots\cdots\cdots\cdots$$

(die f Potenzreihen), so frage ich: Lassen sich Potenzreihen von x finden:
$$z_1 = \alpha_1 + C_1^{(1)} x + C_2^{(1)} x^2 + \cdots$$
$$z_2 = \alpha_2 + C_1^{(2)} x + C_2^{(2)} x^2 + \cdots$$
$$\cdots\cdots\cdots\cdots\cdots$$

welche für $x = 0$ die völlig willkürlich gegebenen Werthe $\alpha_1, \alpha_2 \ldots$ annehmen, und aus denen ich innerhalb eines gewissen Bereiches für jedes $x = \xi$ Werthe $(z_1)_\xi, (z_2)_\xi \ldots$ berechnen kann, die, in $f_1, f_2 \ldots$ eingesetzt, diesen Reihen Werthe $(f_1)_\xi, (f_2)_\xi \ldots$ ertheilen, die gleich den Grössen:
$$\left(\frac{dz_1}{dx}\right)_\xi = C_1^{(1)} + 2 C_2^{(1)} \xi + \cdots$$
beziehungsweise:
$$\left(\frac{dz_2}{dx}\right)_\xi = C_1^{(2)} + 2 C_2^{(2)} \xi + \cdots$$
$$\cdots\cdots\cdots\cdots\cdots$$

sind? Solche Potenzreihen nennt man Integrale des Systems.

Giebt es solche Integrale, so müssen sie sich auf demselben Wege finden lassen, ob endlich oder unendlich viele z vorhanden sind; denn immer ist:
$$C_0^{(1)} = (z_1)_0 = \alpha_1; \quad C_1^{(1)} = \left(\frac{dz_1}{dx}\right)_0 = f_1(0, \alpha_1, \ldots);$$
$$C_2^{(1)} = \frac{1}{2!} \cdot \left(\frac{d^2 z_1}{dx^2}\right)_0 = \frac{1}{2!} \cdot f_1'(0, \alpha_1, \ldots)$$
$$\cdots\cdots\cdots\cdots\cdots$$

Wenn nicht für alle ε Anfangswerthe α gegeben wären, so würden offenbar in diesen Coefficienten noch Grössen stehen, über welche willkürlich zu verfügen ist. Die Data $\alpha_1, \alpha_2 \ldots$ sind also nothwendig zur vollständigen Bestimmung der Integrale.

Ich nehme nun an, die Anfangsdaten $\alpha_1 \ldots$ wären so bestimmt, dass sich $f_1, f_2 \ldots$ um den Punkt $x=0$, $\varepsilon_1 = \alpha_1, \ldots$ entwickeln lassen. Indem ich nun für $\varepsilon_1 - \alpha_1, \ldots$ wieder $\varepsilon_1, \ldots$ schreibe, erhalte ich das System:

$$\frac{d\varepsilon_1}{dx} = a_0^{(1)} + a_1^{(1)}\varepsilon_1 + a_2^{(1)}\varepsilon_2 + \cdots$$

$$\frac{d\varepsilon_2}{dx} = a_0^{(2)} + a_1^{(2)}\varepsilon_1 + a_2^{(2)}\varepsilon_2 + \cdots$$

. . . .

(wo die a Potenzreihen in x sind) und die Frage ist nun: hat dies System Integrale mit den Anfangswerthen Null.

Existiren welche, so sind diese eindeutig bestimmt, d. h. die Daten $\alpha_1, \alpha_2 \ldots$ reichen aus zur völligen Bestimmung der Integrale, falls es nicht überhaupt gar keine in Potenzreihen entwickelbaren Integrale für diese Anfangsdaten giebt. Ich erhalte nämlich nach der bekannten Methode für die Coefficienten der Integrale:

$$C_1^{(1)} = (a_0^{(1)})_0; \quad 2! \, C_2^{(1)} = (a_0^{(1)\prime})_0 + (a_1^{(1)} \cdot a_0^{(1)} + \cdots)_0;$$

$$3! \, C_3^{(1)} = (a_0^{(1)\prime\prime})_0 + (a_1^{(1)\prime} a_0^{(1)} + \cdots)_0 + (a_1^{(1)} [a_1^{(1)} a_0^{(1)} + \cdots] + \cdots)_0$$

. . . .

Wenn sich auf diese Weise nicht endliche eindeutig bestimmte Werthe der C ergeben (wie es bei einer unendlichen Zahl der ε in den einzelnen Gleichungen eintreten könnte), so hätten nach der oben gemachten Einschränkung die Differentialquotienten von $\varepsilon_1 \ldots$ im Punkte $x=0$ überhaupt keinen bestimmten, endlichen Werth, wäre also die Potenzreihenentwickelung unmöglich.

Aber auch, wenn sich für die C endliche Werthe eindeutig ergeben, was immer der Fall wäre, wenn in einer jeden Gleichung nur eine endliche Anzahl der ε vorkommt, so könnte noch die Reihe $C_1^{(1)} x + C_2^{(1)} x^2 + \cdots$ divergent sein. Im Folgenden soll eine Methode angegeben werden, die nothwendige und hinreichende Bedingung für die Existenz von in Potenzreihen entwickelbaren Integralen zu finden, falls alle Coefficienten auf den rechten Seiten des Systems positiv sind.

Anmerkung. Damit wäre für den allgemeinen Fall auch eine hinreichende Bedingung gefunden. Denn setzte man für jeden Coefficienten seinen absoluten Betrag, und hätte alsdann das System Integrale, so hat das ursprüngliche System erst recht welche. Nothwendig aber wird die Bedingung nicht sein.

2. Ueber die Integrirbarkeit unendlicher Systeme mit lauter positiven Coefficienten.

5. Ich nehme an, das System:

$$\frac{d\varepsilon_1}{dx} = a_0^{(1)} + a_1^{(1)} \cdot \varepsilon_1 + a_2^{(1)} \cdot \varepsilon_2 + \cdots$$

$$\frac{d\varepsilon_2}{dx} = a_0^{(2)} + a_1^{(2)} \cdot \varepsilon_1 + a_2^{(2)} \cdot \varepsilon_2 + \cdots$$

. . . .

in welchem alle Coefficienten positiv sind, habe Integrale:

$$\varepsilon_1 = C_1^{(1)} x + C_2^{(1)} x^2 + \cdots \quad \text{Cvgerad } r_1$$

$$\varepsilon_2 = C_1^{(2)} x + C_2^{(2)} x^2 + \cdots \quad \quad \quad \text{„} \quad r_2$$

. . . .

Aus der Berechnungsmethode folgt, dass alle Coefficienten C positiv sind. Setze ich also in die Reihe für ε_1 einen Werth $r \geq r_1$ ein, so muss sie positiv unendlich werden. Mögen nun auf der rechten Seite der ersten Gleichung etwa die Functionen ε_{a_1}, ε_{a_2}, ... wirklich vorkommen, so will ich einen Werth r wählen, der grösser ist, als irgend welche von den Zahlen r_{a_1}, r_{a_2}, ... und in der ersten rechten Seite $(\varepsilon_{a_1})_r$, $(\varepsilon_{a_2})_r$, ... einsetzen, so muss ihr Werth unendlich werden, weil sie aus lauter positiven Summanden zusammengesetzt wird, von denen einige positiv unendlich sind. Also reicht der Convergenzbereich der Reihe für $\dfrac{d\varepsilon_1}{dx}$ nicht bis zum Punkte $x = r$, kann also nur einen Radius haben, der kleiner, höchstens ebenso gross ist, als jeder der r_{a_1}, r_{a_2}, ... Nun hat aber $\dfrac{d\varepsilon_1}{dx}$ denselben Convergenzradius wie ε_1, nämlich r_1, also ist:

$$r_1 \leq r_{a_1}, r_{a_2}, \ldots$$

Ich schreibe mir nun die erste Gleichung hin, dazu α_1^{te}, die α_2^{te}, ..., so weiss ich, dass, wenn auf den rechten Seiten der letzteren ausser $\varepsilon_1, \varepsilon_{a_1}, \ldots$ noch Functionen $\varepsilon_{\beta_1}, \varepsilon_{\beta_2}, \ldots$ hinzutreten, die Convergenzradien der für diese giltigen Reihen $r_{\beta_1}, r_{\beta_2}, \ldots$ nicht kleiner sind als einer der r_α, also gewiss auch:

$$r_1 \leq r_{\beta_1}, r_{\beta_2}, \ldots$$

Ich füge nun noch die β_1^{te}, die β_2^{te} Gleichung hinzu, so treten rechts vielleicht wieder andere ε-Functionen auf, aber die entsprechenden Potenzreihen haben immer wieder Convergenzradien $\geq r_1$. Durch fortgesetztes Hinzufügen von Gleichungen, eventuell unendlich oftmaliges kann man das System:

$$\frac{d\varepsilon_1}{dx} = a_0^{(1)} + a_{a_1}^{(1)} \varepsilon_{a_1} + a_{a_2}^{(1)} \varepsilon_{a_2} + \cdots$$

$$\frac{d\varepsilon_{a_1}}{dx} = a_0^{(1)} + a_{\beta_1}^{(1)} \cdot \varepsilon_{\beta_1} + \cdots$$

. . . .

zu einem vollständigen machen, dessen sämmtliche Integrale Entwickelungen haben mit Convergenzradien $\geq r_1$.

Eine nothwendige Bedingung dafür, dass sich z_1 als Potenzreihe von x entwickeln lässt, ist also, dass das kleinstmögliche vollständige Theilsystem, in welchem z_1 vorkommt, ausserdem nur solche z-Functionen enthält, für die Potenzreihen giltig sind mit Convergenzradien $\geq r_1$.

Anmerkung I. Ist das kleinstmögliche System für z_2 mit dem für z_1 identisch, so muss $r_1 \leq r_2$ und $r_2 \leq r_1$, also $r_1 = r_2$ sein. Beispielsweise in dem endlichen System:

$$\frac{dz_1}{dx} = f_1(x, z_1, z_2, z_3, z_4, z_5)$$
$$\frac{dz_2}{dx} = f_2(x, z_2, z_3, z_4, z_5)$$
$$\frac{dz_3}{dx} = f_3(x, z_2, z_3, z_4, z_5)$$
$$\frac{dz_4}{dx} = f_4(x, z_4, z_5)$$
$$\frac{dz_5}{dx} = f_5(x, z_4, z_5)$$

mit lauter positiven Coefficienten ist

$$r_1 \leq r_2 \leq r_4; \quad r_2 = r_3; \quad r_4 = r_5.$$

Anmerkung II. Sobald negative Coefficienten vorkommen, kann man natürlich keinen derartigen Satz mehr beweisen. So könnten sehr wohl Functionen, wie: $z_1 = x\sqrt{1 - \frac{x}{r_1}}, \quad z_2 = x \cdot \sqrt{1 - \frac{x}{r_2}}, \ldots$, wo die r mit wachsendem Index unter alle Grenzen sinken, Integrale eines für z_1 gefundenen kleinstmöglichen vollständigen Systems sein. Es müssen dann auf den rechten Seiten diejenigen z, deren r kleiner sind als der Convergenzradius des Differentialquotienten links, stets nur in geraden Potenzen vorkommen. In diesem Falle könnte ich für die $r_1, r_2 \ldots$, obwohl alle von Null verschieden sind, keine untere Grenze angeben.

6. Um nun zu untersuchen, ob unendliche Systeme mit lauter positiven Coefficienten Integrale haben, scheide ich nach dem angegebenen Verfahren kleinstmögliche vollständige Systeme aus und untersuche diese.

Allgemeine Methode der Untersuchung.

Anstatt zu fragen: Giebt es ein Integral? darf man auch fragen: Giebt es überhaupt Potenzreihen $C_1^{(1)} x + C_2^{(1)} x^2 + \ldots, \ldots$ welche, an Stelle der z auf den rechten Seiten eingesetzt, diese zu Potenzreihen in x machen:

$$A_0^{(1)} + A_1^{(1)} x + A_2^{(1)} x^2 + \cdots$$

wo

$$A_0^{(1)} \leq C_1^{(1)}; \quad A_1^{(1)} \leq 2 C_2^{(1)}; \quad A_2^{(1)} \leq 3 C_3^{(1)}; \ldots ?$$

Es muss solche geben, denn das Integral selber genügt diesen Bedingungen; andererseits, wenn es überhaupt irgend solche Reihen giebt, so existiren auch Integrale; denn aus der Berechnungsmethode der Coefficienten folgt, wenn etwa das eine Integral ist:
$$c_1^{(1)} x + c_2^{(1)} x^2 + \cdots, \text{ dass: } c_1^{(1)} \leq C_1^{(1)},\ c_2^{(1)} \leq C_2^{(1)}, \ldots$$
also, wenn $C_1^{(1)} x + C_2^{(1)} x^2 + \cdots$ convergirt, so müssen es gewiss auch die nach der Methode als Integrale gefundenen Reihen.

Nach dem oben Bewiesenen muss es einen Kreis (mit Radius ϱ) geben, in welchem alle Integralentwickelungen convergiren, also müssen sich jene Reihen $C_1^{(1)} x + \ldots$ so bestimmen lassen, dass, wenn $r = \dfrac{1}{\varrho}$:
$$C_1^{(1)} \leq A^{(1)} \cdot r;\quad C_2^{(1)} \leq A^{(1)} \cdot r^2;\ \ldots\ C_m^{(1)} \leq A^{(1)} \cdot r^m;\ \ldots$$
$$C_1^{(2)} \leq A^{(2)} \cdot r;\quad C_2^{(2)} \leq A^{(2)} \cdot r^2;\ \ldots\ C_m^{(2)} \leq A^{(2)} \cdot r^m;\ \ldots$$
. . . .

(natürlich dürfen die Grössen $A^{(1)}$, $A^{(2)}$, ... mit wachsendem Index unendlich werden).

7. Können wir nun finden, in welchen Fällen sich solche Reihen für Systeme
$$\frac{dz_1}{dx} = a_0^{(1)} + a_1^{(1)} \cdot z_1 + \cdots$$
. . . .

mit lauter constanten Coefficienten bestimmen lassen, d. h. also, wenn diese Systeme mit Potenzreihen integrirbar sind, so ist ohne Weiteres das Problem auch für den Fall gelöst, wo die Coefficienten noch von x abhängen. Seien nämlich die a-Potenzreihen: $a_\nu^{(\mu)} = \alpha_{\nu 0}^{(\mu)} + \alpha_{\nu 1}^{(\mu)} x + \alpha_{\nu 2}^{(\mu)} x^2 + \cdots$, wo jedes $\alpha_{\nu m}^{(\mu)} \leq b_\nu^{(\mu)} \cdot R^m$. Dieses R muss ich für alle Coefficienten aller Gleichungen als dasselbe und zwar $\leq r$ bestimmen können, da die für $\dfrac{dz_\mu}{dx}$ sich ergebenden Potenzreihen einen Convergenzradius $\varrho \geq \dfrac{1}{r}$ haben müssen. Ferner muss sich R so angeben lassen, dass das System:
$$\frac{d\zeta_1}{dx} = b_0^{(1)} + b_1^{(1)} \zeta_1 + b_2^{(1)} \cdot \zeta_2 + \cdots$$
. . . .

Integrale hat. Sei nämlich $\xi = \dfrac{1}{R}$ ein Punkt innerhalb des allen Entwickelungen gemeinsamen Convergenzbereiches, so giebt es für alle z Taylor'sche Reihen:
$$z_1 = d_0^{(1)} + d_1^{(1)} (x - \xi) + d_2^{(1)} (x - \xi)^2 + \cdots$$
. . . .

mit lauter positiven Coefficienten. Bezeichne ich ferner mit $(a_\nu^{(\mu)})_\xi$ die Grösse: $\alpha_{\nu 0}^{(\mu)} + \alpha_{\nu 1}^{(\mu)} \cdot \xi + \alpha_{\nu 2}^{(\mu)} \cdot \xi^2 + \cdots$, so kann ich den grössten Summand dieser Reihe $\alpha_{\nu n}^{(\mu)} \cdot \xi^n = b_\nu^{(\mu)}$ setzen, denn es gelten gewiss die Ungleichungen:

$$a_{\nu,\mu}^{(u)} \leq b_\nu^{(u)} \cdot R^m$$

Ausserdem: $b_\nu^{(u)} \leq (a_\nu^{(u)})_\xi$. Bezeichne ich nun $x - \xi$ mit x', so hat das System mit lauter positiven Coefficienten:

$$\frac{d\varepsilon_1}{dx'} = a_0^{(1)} + a_1^{(1)} \cdot \varepsilon_1 + \cdots$$

. . . .

für die positiven Anfangswerthe:

$$(\varepsilon_1)_0 = d_0^{(1)}, \quad (\varepsilon_2)_0 = d_0^{(2)}, \cdots$$

Integrale:
$$\varepsilon_1 = d_0^{(1)} + d_1^{(1)} x' + d_2^{(1)} x'^2 + \cdots$$

. . . .

also erst recht das System mit lauter kleineren Coefficienten (in denen die Coefficienten der x'-Potenzen überhaupt fehlen):

$$\frac{d\zeta_1}{dx'} = b_0^{(1)} + b_1^{(1)} \cdot \zeta_1 + \cdots$$

. . . .

für die Anfangswerthe: $(\zeta_1)_0 = 0, \ (\zeta_2)_0 = 0 \cdots$

Damit ist also gezeigt: Nothwendig dafür, dass sich das System:

$$\frac{d\varepsilon_1}{dx} = (\alpha_{00}^{(1)} + \alpha_{01}^{(1)} x + \cdots) + (\alpha_{10}^{(1)} + \alpha_{11}^{(1)} x + \cdots) \varepsilon_1 + \cdots$$

mit Hilfe von Potenzreihen integriren lasse, ist: dass alle Coefficienten α kleiner sind als die entsprechenden Coefficienten eines Systems:

$$\frac{d\varepsilon_1}{dx} = (b_0^{(1)} + b_1^{(1)} \varepsilon_1 + \cdots) \cdot (1 + Rx + R^2 x^2 + \cdots)$$

R bedeutet hier in allen Gleichungen dieselbe positive Zahl, und die b sind positive constante Grössen von der Beschaffenheit, dass das System:

$$\frac{d\varepsilon_1}{dx} = b_0^{(1)} + b_1^{(1)} \cdot \varepsilon_1 + \cdots$$

. . . .

in Potenzreihen entwickelbare Integrale hat.

Aber diese Bedingung ist auch hinreichend. Dies zeige ich dadurch, dass ich nachweise, dass unter ihrer Voraussetzung das System:

$$\frac{d\varepsilon_1}{dx} = (b_0^{(1)} + b_1^{(1)} \varepsilon_1 + \cdots)(1 + Rx + \cdots)$$

mit Potenzreihen integrirbar ist. Multiplicire ich nämlich alle Gleichungen mit $(1 - Rx)$, so werden sie:

$$\frac{d\varepsilon_1}{dx} \cdot (1 - Rx) = b_0^{(1)} + b_1^{(1)} \varepsilon_1 + \cdots$$

. . . .

Setze ich nun $\frac{1}{R} lg(1 - Rx) = -y$, so ist: für $x = 0: y = 0; \frac{dy}{dx} = \frac{1}{1 - Rx}$

also: $\frac{d\varepsilon_1}{dx} \cdot (1 - Rx) = \frac{d\varepsilon_1}{dx} \cdot \frac{dx}{dy} = \frac{d\varepsilon_1}{dy}$.

Unsere Gleichungen lauten also:
$$\frac{d\varepsilon_1}{dy} = b_0^{(1)} + b_1^{(1)} \cdot \varepsilon_1 + \cdots$$
. . . .

Aus der Voraussetzung folgt, dass sich die ε als Potenzreihen in y berechnen lassen. Die ε sind also in der Umgebung des Punktes $y = 0$ endliche eindeutige Functionen der complexen Variablen y. Nun ist aber y in der Umgebung von $y = 0$, d. h. von $x = 0$ eine endliche eindeutige Function der complexen Variablen x, also auch die ε. Folglich lassen sich die ε auch als Potenzreihen in x berechnen.

8. Ist für ein bestimmtes System nachgewiesen, dass es Potenzreihen als Integrale hat, so ist damit natürlich dasselbe für sämmtliche Systeme mit kleineren Coefficienten gezeigt, aber zugleich auch für gewisse Systeme mit grösseren Coefficienten. Sei nämlich a eine beliebig grosse Zahl, so hat das System:
$$\frac{d\varepsilon_1}{dx} = a \cdot a_0^{(1)} + a \cdot a_1^{(1)} \varepsilon_1 + a \cdot a_2^{(1)} \varepsilon_2 + \cdots$$
$$\frac{d\varepsilon_2}{dx} = a \cdot a_0^{(2)} + a \cdot a_1^{(2)} \varepsilon_1 + a \cdot a_2^{(2)} \varepsilon_2 + \cdots$$
. . . .

zugleich mit dem System
$$\frac{d\varepsilon_1}{dx} = a_0^{(1)} + a_1^{(1)} \varepsilon_1 + a_2^{(1)} \varepsilon_2 + \cdots$$
. . . .

in Potenzreihen entwickelbare Integrale. Dies sieht man unmittelbar, indem man alle Gleichungen des ersten Systems durch a dividirt und $a \cdot x$ als Unabhängige betrachtet. Hieraus leuchtet von vornherein schon ein, dass lediglich das Verhalten der Coefficienten in der Unendlichkeit über unsere Frage entscheiden wird, ausser wenn von gewissen Coefficienten gezeigt werden sollte, dass sie überhaupt fehlen müssen.

9. Mit Hilfe der entwickelten Methode kann man schon die Frage nach der Integrirbarkeit aller partiellen Differentialgleichungen mit positiven Coefficienten lösen. Indess könnte es vielleicht manchmal von Nutzen sein, dieselbe noch etwas zu modificiren.

Anhang.
Modification der Methode.

Angenommen, das System habe Integrale, so müssen Reihen $C_1^{(1)}x + C_2^{(1)}x^2 + \cdots$ von der oben angegebenen Beschaffenheit existiren, welche einen gemeinsamen Convergenzbereich besitzen. Sei ϱ eine positive Zahl in diesem Bereich, so setze ich $\frac{1}{\varrho} = r$. Dann muss es sicher in jeder Reihe Stellen geben, z. B. das n_1^{te}, $n_2^{te} \ldots$ Glied, von wo an die Ungleichungen gelten:

$$(n_1+1) \cdot C_{n_1+1}^{(1)} \leq n_1 \cdot C_{n_1}^{(1)} \cdot r; \quad (n_1+2) C_{n_1+2}^{(1)} \leq n_1 \cdot C_{n_1}^{(1)} \cdot r^2; \ldots$$
$$(n_1+m) \cdot C_{n_1+m}^{(1)} \leq n_1 \cdot C_{n_1}^{(1)} r^m, \ldots$$
$$(n_2+1) \cdot C_{n_2+1}^{(2)} \leq n_2 \cdot C_{n_2}^{(2)} \cdot r; \quad (n_2+2) \cdot C_{n_2+2}^{(2)} \leq n_2 \cdot C_{n_2}^{(2)} r^2; \ldots$$
$$(n_2+m) \cdot C_{n_2+m}^{(2)} \leq n_2 \cdot C_{n_2}^{(2)} \cdot r^m, \ldots$$

Also müssen die nach dem Einsetzen der Reihen $C_1^{(1)}x + C_2^{(1)}x^2 + \cdots$ rechts erhaltenen x-Coefficienten $A_0^{(1)}$, $A_1^{(1)}$, $\ldots A_0^{(2)}, \ldots$ folgende Ungleichungen befriedigen (vgl. S. 11):

$$A_0^{(1)} \leq C_1^{(1)}, \ldots A_{n_1-1}^{(1)} \leq n_1 \cdot C_{n_1}^{(1)}, A_{n_1}^{(1)} \leq n_1 \cdot C_{n_1}^{(1)} \cdot r, \ldots A_{n_1+m}^{(1)} \leq n_1 C_{n_1}^{(1)} \cdot r^{m+1}, \ldots$$
$$A_0^{(2)} \leq C_1^{(2)}, \ldots A_{n_2-1}^{(2)} \leq n_2 \cdot C_{n_2}^{(2)}, A_{n_2}^{(2)} \leq n_2 \cdot C_{n_2}^{(2)} \cdot r, \ldots A_{n_2+m}^{(2)} \leq n_2 \cdot C_{n_2}^{(2)} \cdot r^{m+1}, \ldots$$

Würde ich nun rechts nicht die unendlichen Reihen einsetzen, sondern nur Theile derselben, so würden A-Grössen resultiren, welche kleiner sind, als die oben erhaltenen. Also würden für diese A-Grössen die obigen Ungleichungen erst recht gelten. Ich setze nun folgende Theile der Reihen ein:

für z_1: $C_1^{(1)}x + C_2^{(1)}x^2 + \cdots + C_{n_1}^{(1)} \cdot x^{n_1}$
„ z_2: $C_1^{(2)}x + C_2^{(2)}x^2 + \cdots + C_{n_2}^{(2)} \cdot x^{n_2}$

so ist ersichtlich, dass folgende Bedingung nothwendig ist:

Es muss sich eine Zahl r und eine Reihe von Zahlen $C_1^{(1)}, C_2^{(1)} \ldots C_{n_1}^{(1)}, C_1^{(2)}, \ldots C_{n_2}^{(2)}, \ldots$ angeben lassen, dass nach dem Ersetzen von

z_1 durch $C_1^{(1)}x + C_2^{(1)}x^2 + \cdots + C_{n_1}^{(1)}x^{n_1}$
z_2 „ $C_1^{(2)}x + C_2^{(2)}x^2 + \cdots + C_{n_2}^{(2)}x^{n_2}$ ($n_1, n_2 \ldots$ endlich)

auf den rechten Seiten der Gleichungen Potenzreihen entstehen:

$$A_0^{(1)} + A_1^{(1)}x + A_2^{(1)}x^2 + \cdots$$
$$A_0^{(2)} + A_1^{(2)}x + A_2^{(2)}x^2 + \cdots$$

deren Coefficienten A folgenden Ungleichungen genügen:

$$A_0^{(1)} \leq C_1^{(1)}, \; A_1^{(1)} \leq 2C_2^{(1)}, \ldots A_{n_1-1}^{(1)} \leq n_1 C_{n_1}^{(1)}, \ldots A_{n_1+m}^{(1)} \leq n_1 \cdot C_{n_1}^{(1)} \cdot r^{m+1}, \ldots$$
$$A_0^{(2)} \leq C_1^{(2)}, \; A_1^{(2)} \leq 2C_2^{(2)}, \ldots A_{n_2-1}^{(2)} \leq n_2 C_{n_2}^{(2)}, \ldots A_{n_2+m}^{(2)} \leq n_2 C_{n_2}^{(1)} \cdot r^{m+1}, \ldots$$

Dabei ist zu bemerken, dass ich für die Zahlen $n_1, n_2, \ldots$ mir beliebig grosse untere Grenzen festsetzen kann $n_1 > \mu_1, n_2 > \mu_2, \ldots$ Obere Grenzen braucht man nicht angeben zu können.

Aber die Bedingung ist auch schon mehr als hinreichend. Lassen sich nämlich die Zahlen C nur so angeben, dass (unter Beibehaltung der Zeichen):

$$A_0^{(1)} \leqq C_1^{(1)}$$
$$A_1^{(1)} \leqq C_1^{(1)} \cdot r + 2 C_2^{(1)}$$
$$\cdots \cdots \cdots \cdots \cdots \cdots \cdots \cdots \cdots$$
$$A_{n_1-1}^{(1)} \leqq C_1^{(1)} \cdot r^{n_1-1} + 2 C_2^{(1)} \cdot r^{n_1-2} + \cdots + n_1 \cdot C_{n_1}^{(1)}$$
$$A_{n_1+m}^{(1)} \leqq C_1^{(1)} \cdot r^{n_1+m} + 2 C_2^{(1)} \cdot r^{n_1+m-1} + \cdots + n_1 C_{n_1}^{(1)} \cdot r^{m+1}$$
$$\cdots \cdots \cdots \cdots \cdots \cdots \cdots \cdots \cdots$$

so hat das System in Potenzreihen entwickelbare Integrale, deren Convergenzradien nicht unter der Grösse $\frac{1}{2r}$ liegen.

Ich beweise dies zunächst für den Fall, dass in den Coefficienten a x nicht vorkommt. Ich setze: $x \cdot r = \xi$, $r \cdot a_0^{(1)} = \alpha_0^{(1)}$, $\ldots r \cdot a_\mu^{(1)} = \alpha_\mu^{(1)}$, $\ldots C_1^{(1)} \cdot r = \Gamma_1^{(1)}$, $C_2^{(1)} \cdot r^2 = \Gamma_2^{(1)}$, $\ldots$, so werden die rechten Seiten des Systems

2) $\qquad \begin{cases} \dfrac{d z_1}{d \xi} = \alpha_0^{(1)} + \alpha_1^{(1)} \cdot z_1 + \cdots \end{cases}$

nach der Substitution $z_1 = \Gamma_1^{(1)} x + \cdots + \Gamma_{n_1}^{(1)} \cdot x^{n_1}$, $\ldots$ Potenzreihen liefern: $A_0^{(1)} + A_1^{(1)} x + A_2^{(1)} x^2 + \cdots$, wo $A_0^{(1)} = A_0^{(1)} \cdot r$, $A_1^{(1)} = A_1^{(1)} \cdot r^2$, $\ldots$ Es bestehen also die Ungleichungen:

$$A_0^{(1)} \leqq \Gamma_1^{(1)}, \ldots A_{n_1-1}^{(1)} \leqq \Gamma_1^{(1)} + 2\Gamma_2^{(1)} + \cdots + n_1 \cdot \Gamma_{n_1}^{(1)}, \ldots$$
$$A_{n_1+m}^{(1)} \leqq \Gamma_1^{(1)} + \cdots + n_1 \Gamma_{n_1}^{(1)}, \ldots$$

Nun bilde ich mir ein neues System folgendermassen. Ich substituire:

$$z_1 = \Gamma_1^{(1)} \cdot z_{11} + \Gamma_2^{(1)} \cdot z_{12} + \cdots + \Gamma_{n_1}^{(1)} \cdot z_{1n_1}$$
$$z_2 = \Gamma_1^{(2)} \cdot z_{21} + \Gamma_2^{(2)} z_{22} + \cdots + \Gamma_{n_2}^{(2)} z_{2n_2}$$

und erhalte:

2') $\begin{cases} \dfrac{d z_1}{d \xi} = \alpha_0^{(1)} + \sum \alpha_\mu^{(1)} \cdot \Gamma_1^{(\mu)} \cdot z_{\mu 1} + \sum \alpha_\mu^{(1)} \Gamma_2^{(\mu)} \cdot z_{\mu 2} + \cdots \\ \qquad + \sum \alpha_{\mu\nu}^{(1)} \cdot \Gamma_1^{(\mu)} \cdot \Gamma_1^{(\nu)} z_{\mu 1} \cdot z_{\nu 1} + \sum \alpha_{\mu\nu}^{(1)} \cdot \Gamma_1^{(\mu)} \cdot \Gamma_2^{(\nu)} \cdot z_{\mu 1} \cdot z_{\nu 2} + \cdots \\ \qquad + \ldots \end{cases}$

Ich will dafür schreiben:

2') $\begin{cases} \dfrac{d z_1}{d \xi} = \beta_0^{(1)} + \sum \beta_{\mu_1}^{(1)} \cdot z_{\mu_1} + \sum \beta_{\mu_2}^{(1)} \cdot z_{\mu_2} + \cdots \\ \qquad + \sum \beta_{\mu_1, \nu_1}^{(1)} \cdot z_{\mu_1} \cdot z_{\nu_1} + \sum \beta_{\mu_1, \nu_2}^{(1)} \cdot z_{\mu_1} \cdot z_{\nu_2} + \cdots \\ \qquad + \ldots \end{cases}$

Dann setzen sich die A offenbar folgendermassen aus den β zusammen:

$$A_0^{(1)} = \beta_0^{(1)}$$
$$A_1^{(1)} = \sum \beta_{\mu_1}^{(1)}$$
$$A_2^{(1)} = \sum \beta_{\mu_2}^{(1)} + \sum \beta_{\mu_1, \nu_1}^{(1)}$$
$$A_3^{(1)} = \sum \beta_{\mu_3}^{(1)} + \sum \beta_{\mu_1, \nu_2}^{(1)} + \sum \beta_{\lambda_1, \mu_1, \nu_1}^{(1)}$$

Nun zerlege ich alle β in mehrere Summanden, so dass auch die A in mehrere Posten zerfallen:

$$A_0^{(1)} = A_0^{(11)} \quad\quad = \beta_0^{(1)}$$

$$A_1^{(1)} = A_1^{(11)} + A_1^{(12)} = \sum \beta_{\mu_1}^{(11)} + \sum \beta_{\mu_1}^{(12)}$$

. . . .

$$A_m^{(1)} = A_m^{(11)} + \cdots + A_m^{(1\,n_1)} = \left(\sum \beta_{\mu m}^{(11)} \quad + \cdots + \sum \beta_{\mu m}^{(1\,n_1)}\right)$$
$$+ \left(\sum \beta_{\mu, m-\lambda;\, \nu, \lambda}^{(11)} + \cdots + \sum \beta_{\mu, m-\lambda;\, \nu, \lambda}^{(1\,n_1)}\right)$$
$$m \geq n_1 - 1 \qquad\qquad\qquad + \cdots$$

. . . .

wobei jedes $\beta^{(1)} \quad \beta^{(11)} + \cdots + \beta^{(1\,n_1)}$ gesetzt ist, bezw. gleich einer geringeren Zahl von Summanden, wie z. B. $\beta_{\mu_1}^{(1)} = \beta_{\mu_1}^{(11)} + \beta_{\mu_1}^{(12)}$.

Diese Zerlegung sei so vorgenommen, dass

$A_0^{(11)} < \Gamma_1^{(1)}$, was gewiss möglich ist, da $A_0^{(1)} = A_0^{(11)} \quad\quad < \Gamma_1^{(1)}$

$A_1^{(11)} \leq \Gamma_1^{(1)};\ A_1^{(12)} \leq 2\Gamma_2^{(1)} \qquad A_1^{(1)} = A_1^{(11)} + A_1^{(12)} \leq \Gamma_1^{(1)} + 2\Gamma_2^{(1)}$

. . . .

$A_m^{(11)} \leq \Gamma_1^{(1)};\ A_m^{(12)} < 2\Gamma_2^{(1)};\ \cdots A_m^{(1\,n_1)} \leq n_1 \Gamma_{n_1}^{(1)}\ A_m^{(1)} = A_m^{(11)} + \cdots + A_m^{(1\,n_1)}$
$$\leq \Gamma_1^{(1)} + 2\Gamma_2^{(1)} + \cdots + n_1 \Gamma_{n_1}^{(1)}$$

. . . .

Könnte ich nun das folgende System integriren:

3) $\begin{cases} \Gamma_1^{(1)} \cdot \dfrac{dz_{11}}{d\xi} = \beta_0^{(11)} + \beta_{11}^{(11)} \cdot z_{11} + \cdots \\ \Gamma_2^{(1)} \cdot \dfrac{dz_{12}}{d\xi} = \qquad\quad \beta_{11}^{(12)} \cdot z_{11} + \cdots \\ \cdots\cdots\cdots\cdots\cdots\cdots\cdots\cdots \\ \Gamma_{n_1}^{(1)} \cdot \dfrac{dz_{1n_1}}{d\xi} = \qquad\quad \beta_{1n_1-1}^{(1n_1)} \cdot z_{1n_1-1} + \cdots \\ \Gamma_1^{(2)} \cdot \dfrac{dz_{21}}{d\xi} = \beta_0^{(21)} + \beta_{11}^{(21)} \cdot z_{11} + \cdots \\ \cdots\cdots\cdots\cdots\cdots\cdots\cdots\cdots \end{cases}$

so wären auch Integrale für 2) vorhanden. In der That, man braucht nur zu setzen:
$$z_1 = \Gamma_1^{(1)} z_{11} + \Gamma_2^{(1)} z_{12} + \cdots + \Gamma_{n_1}^{(1)} \cdot z_{1n_1},$$
so wären dies die gewünschten Integrale. Befriedigen nämlich die für $z_{11}, \ldots$ gefundenen convergenten Potenzreihen das System 3) identisch, so befriedigen sie auch 2'), welches ich aus 3) erhalte, indem ich die n_1 ersten Gleichungen summire, ebenso die folgenden n_2 u. s. f. 2') aber wurde aus 2) durch jene Substitution erhalten, welche die $z_1, z_2, \ldots$ durch die $z_{11}, z_{12}, \ldots, z_{21}, z_{22} \ldots$ ersetzte. Wird also 2') befriedigt, so auch das durch Rückwärtssubstitution erhaltene System 2).

Aber 3) lässt sich gewiss integriren, wenn sich ein ganz ähnliches System:

4) $\begin{cases} \Gamma_1^{(1)} \cdot \dfrac{d\zeta_{11}}{dx} = b_0^{(11)} + b_{11}^{(11)} \cdot \zeta_{11} + \cdots \\ \cdots\cdots\cdots\cdots\cdots\cdots\cdots\cdots \end{cases}$

integriren lässt, in welchem jeder Coefficient b grösser oder gleich dem entsprechenden β in 3) ist. Ich construire mir nun solch ein System in der Weise, dass die Summen:

$$B_0^{(11)} = b_0^{(11)} \qquad = \Gamma_1^{(1)} \geq A_0^{(11)} = \beta_0^{(11)}$$
$$B_1^{(11)} = \sum b_{\mu_1}^{(11)} \qquad = \Gamma_1^{(1)} \geq A_1^{(11)} = \sum \beta_{\mu_1}^{(11)}$$
$$B_2^{(11)} = \sum b_{\mu_2}^{(11)} + \sum b_{\mu_1, \nu_1}^{(11)} = \Gamma_1^{(1)} \geq A_2^{(11)} = \sum \beta_{\mu_2}^{(11)} + \sum \beta_{\mu_1, \nu_1}^{(11)}$$
$$\cdots \cdots \cdots \cdots \cdots$$
$$B_1^{(12)} = \sum b_{\mu_1}^{(12)} \qquad = 2\,\Gamma_2^{(1)} \geq A_1^{(12)} = \sum \beta_{\mu_1}^{(12)}$$
$$\cdots \cdots \cdots \cdots \cdots$$
$$B_{n_1-1}^{(1\,n_1)} = \sum b_{\mu,\,n_1-1}^{(1\,n_1)} + \cdots = n_1 \cdot \Gamma_{n_1}^{(1)} \geq A_{n_1-1}^{(1\,n_1)} = \sum \beta_{\mu,\,n_1-1}^{(1\,n_1)} + \cdots$$
$$\cdots \cdots \cdots \cdots \cdots$$

Dann hat System 4) die folgenden Reihen als Integrale:
$$\zeta_{11} = \zeta_{21} = \cdots \zeta$$
$$\zeta_{12} = \zeta_{22} = \cdots \zeta^2$$
$$\cdots \cdots \cdots$$
$$\zeta_{1k} = \zeta_{2k} = \cdots \zeta^k$$
$$\cdots \cdots \cdots$$

wo ζ definirt ist durch die Gleichung:
$$\frac{d\zeta}{dx} = \frac{1}{1-\zeta}; \text{ also } \zeta = 1 - \sqrt{1-x}.$$

Würde ich nämlich in 2') für $s_{11}, \ldots$ die ζ-Potenzen substituiren, denen die entsprechenden $\zeta_{11}, \ldots$ gleichgesetzt sind, so erhielte ich (nach der Definition der Grössen A) als Coefficienten in jener Potenzreihe von ζ, die auf der rechten Seite entstehen würde, die A: z. B. Gleichung 1):
$$A_0^{(1)} + A_1^{(1)} \cdot \zeta + A_2^{(1)} \cdot \zeta^2 + \cdots$$
also in System 3) bei derselben Substitution die $A_0^{(11)}, A_1^{(11)}, \ldots$; die ersten rechten Seiten würden beispielsweise
$$A_0^{(11)} + A_1^{(11)} \cdot \zeta + A_2^{(11)} \cdot \zeta^2 + \cdots$$
$$A_1^{(12)} \cdot \zeta + A_2^{(12)} \cdot \zeta^2 + \cdots$$
$$\cdots \cdots \cdots$$
$$A_{n_1-1}^{(1\,n_1)} \cdot \zeta^{n_1-1} + \cdots$$
$$\cdots \cdots \cdots$$

Bei der analogen Substitution in 4) erhielte ich ebenso die $B_0^{(11)}, B_1^{(11)}, \ldots$ Setzte ich z. B. in der ersten Gleichung die Potenzreihen für $\zeta_{11}, \ldots$ ein, so erhielte ich:
$$\Gamma_1^{(1)} \cdot \frac{d\zeta}{dx} \qquad B_0^{(11)} + B_1^{(11)} \cdot \zeta + B_2^{(11)} \cdot \zeta^2 + \cdots$$
(ζ ist eine Potenzreihe in x); da aber:
$$B_0^{(11)} = B_1^{(11)} = \cdots = \Gamma_1^{(1)}, \frac{d\zeta}{dx} = 1 + \zeta + \zeta^2 + \cdots = \frac{1}{1-\zeta},$$
also eine Identität.

Genau so giebt die zweite Gleichung:
$$\Gamma_2^{(1)} \cdot \frac{d(\zeta^2)}{dx} = B_1^{(12)} \cdot \zeta + B_2^{(12)} \cdot \zeta^2 + \cdots$$
da $B_1^{(12)} = B_2^{(12)} = \cdots = 2\,\Gamma_2^{(1)}$, wieder die Identität:
$$\frac{d\zeta}{dx} \quad 1 + \zeta + \zeta^2 + \cdots = \frac{1}{1-\zeta},$$
ebenso die k^{te} Gleichung: $k \leq n_1$

$$\Gamma_k^{(1)} \cdot \frac{d(\zeta^k)}{dx} = B_{k-1}^{(1k)} \cdot \zeta^{k-1} + \cdots$$

$$k \cdot \Gamma_k^{(1)} \cdot \zeta^{k-1} \cdot \frac{d\zeta}{dx} \quad B_{k-1}^{(1k)} \cdot \zeta^{k-1} + \cdots$$

weil $B_{k-1}^{(1k)} = \cdots = k \cdot \Gamma_k^{(1)}, \frac{d\zeta}{dx} = \frac{1}{1-\zeta};$ ebenso alle übrigen Gleichungen.

System 4) hat also Integrale, die in dem Bereiche $|x| < \frac{1}{2}$ alle convergente Potenzreihen sind, also auch 3), also auch 2). Letzteres entstand aus dem ursprünglichen durch die Substitution: $\xi = xr$, also hat auch dieses als Integrale Potenzreihen, die für $|x| = \frac{1}{2r}$ noch convergiren.

Wenn nun die Coefficienten a von x abhängen, so füge ich zum System die Gleichung $\frac{dz_0}{dx} = 1$ hinzu, die das Integral $z_0 = x$ hat. Ersetze ich nun in allen Gleichungen x durch z_0, so erhalte ich ein System mit constanten Coefficienten, für welches der Satz bewiesen wurde. Ich nehme nun an, dass sich für alle z ganze Functionen substituiren lassen, welche der im Satze angegebenen Bedingung genügen, und zwar sei die für z_0 einfach x (also $C_1^{(0)} = 1$, $C_2^{(0)} = \cdots = C_{n_0}^{(0)} = 0$); dann hat das System gewiss Integrale. Hätte ich also von vornherein für z_0 x stehen lassen und das Kriterium angewandt, so wäre die Existenz der Grössen $r, C_1^{(1)}, C_2^{(1)}, \ldots$ ebenfalls hinreichend gewesen.

Zusatz. Mit Hilfe dieser modificirten Methode lässt sich auch der S. 9 aufgestellte Satz beweisen, dass das System

1) $\quad \begin{cases} \frac{dz_l}{dx} = (b_0^{(1)} + b_1^{(1)} z_1 + \cdots) \cdot (1 + Rx + R^2 x^2 + \cdots) \\ \cdots \cdots \cdots \cdots \end{cases}$

zugleich mit dem System:

2) $\quad \begin{cases} \frac{d\zeta_l}{dx} = b_0^{(1)} + b_1^{(1)} \cdot \zeta_1 + \cdots \\ \cdots \cdots \cdots \cdots \end{cases}$

Integrale hat. Nach dem eben bewiesenen Satze müssen sich nämlich Ausdrücke:

$$C_1^{(1)} x + \cdots + C_{n_1}^{(1)} x^{n_1}$$

finden lassen, welche, für ζ_1 bezw. $\zeta_2, \ldots$ eingesetzt, die rechten Seiten von 2) zu Potenzreihen in x machen: $A_0^{(1)} + A_1^{(1)} x + A_2^{(1)} x^2 + \cdots$ so dass: $A_0^{(1)} \leq C_1^{(1)}, \ldots$ $A_k^{(1)} \leq n_1 \cdot C_{n_1} \cdot r^{k-n_1+1}, \ldots (k > n_1 - 1.)$ Setze ich dieselben Ausdrücke für bezw. $z_1, \ldots$ in 1) ein, so bekomme ich auf den rechten Seiten Potenzreihen: $B_0^{(1)} + B_1^{(1)} x + B_2^{(1)} x^2 + \cdots = (A_0^{(1)} + A_1^{(1)} x + A_2^{(1)} x^2 + \cdots) \cdot (1 + Rx + R^2 x^2 + \cdots)$
Also:
$B_0^{(1)} \quad A_0^{(1)}, B_1^{(1)} = A_0^{(1)} \cdot R + A_1^{(1)}, \ldots B_{n_1+m-1}^{(1)} = A_0^{(1)} \cdot R^{n_1+m-1} + \cdots + A_{n_1+m-1}^{(1)}$
$B_0^{(1)} < C_1^{(1)}, B_1^{(1)} < C_1^{(1)} \cdot R + 2 C_2^{(1)}, \ldots$
$B_{n_1+m-1}^{(1)} \leq C_1^{(1)} \cdot R^{n_1+m-1} + \cdots + n_1 C_{n_1}^{(1)} (r^m + r^{m-1} \cdot R + \cdots R^m).$
Offenbar muss sich eine Zahl $r_1 > r, R$ bestimmen lassen, so dass für jedes m: $r_1^m > r^m + r^{m-1} \cdot R + \cdots + R^m$; dann ist aber:
$B_0^{(1)} \quad C_1^{(1)}, B_1^{(1)} \leq C_1^{(1)} \cdot r_1 + 2 C_2^{(1)}, \cdots B_{n_1+m-1}^{(1)} < C_1^{(1)} \cdot r_1^{n_1+m-1} + \cdots + n_1 \cdot C_{n_1}^{(1)} \cdot r_1^m, \ldots$
Somit erfüllen für System 1) die Zahlen: $r_1, C_1^{(1)}, \ldots C_{n_1}^{(1)}, C_1^{(2)}, \ldots$ die hinreichende Bedingung, das System hat also Integrale.

Zweiter Abschnitt.

Partielle Differentialgleichungssysteme, aufgefasst als totale Systeme unendlich hoher Classe.

1. Vorbemerkungen.

10. Jede partielle Differentialgleichung kann man ersetzen durch ein unendliches System totaler. Sei z. B. vorgelegt:

$$F\left(x, y, z, \frac{\partial z}{\partial x}, \frac{\partial z}{\partial y}\right) = 0.$$

Ich denke mir die Variable x bevorzugt, das heisst: ich betrachte das Integral z als eine Function von x, deren Coefficienten noch von einem Parameter y abhängen. Fixire ich den Werth dieses Parameters als y_0, so sei jene Function von $x : z_0$. Lasse ich y variiren, indem ich längs einer Geraden um die Strecken $\Delta y, 2\Delta y, \ldots n\Delta y, \ldots$ fortgehe, so seien die entsprechenden z-Functionen mit $z_1, z_2, \ldots z_n, \ldots$ bezeichnet. Offenbar ist $\left(\frac{\partial z}{\partial y}\right)_{y_0} = \lim_{\Delta y = 0}\left(\frac{z_1 - z_0}{\Delta y}\right)$. Somit kann ich im Punkte $y = y_0$ unsere partielle Differentialgleichung durch die totale

$$F\left(x, y_0, z_0, \frac{dz_0}{dx}, \frac{z_1 - z_0}{\Delta y}\right) = 0$$

ersetzen, wenn ich nur Δy unendlich klein setze. Aber offenbar genügt diese Gleichung nicht zur Bestimmung von z_0; denn sie enthält noch die Function z_1, die unbekannt ist. Aber für diese existirt ebenfalls eine Differentialgleichung:

$$F\left(x, y_0 + \Delta y, \frac{dz_1}{dx}, \frac{z_2 - z_1}{\Delta y}\right) = 0,$$

in welche freilich wieder eine neue Unbekannte z_2 eintritt. Auch für diese giebt es eine ähnliche Gleichung, die noch z_3 enthält. Wir gelangen auf die Art zu einem unendlichen Differentialgleichungssystem, welches mit der partiellen Differentialgleichung äquivalent ist, wenn man Δy unendlich klein nimmt.

Ich denke mir in $F\left(x, y, z, \frac{\partial z}{\partial x}, \frac{\partial z}{\partial y}\right) = 0$ $\frac{\partial z}{\partial x}$ ausgerechnet:

$$\frac{\partial z}{\partial x} = f\left(x, y, z, \frac{\partial z}{\partial y}\right).$$

Dann ist dies unendliche System:

$$\frac{dz_0}{dx} = f\left(x, y_0, z_0, \frac{z_1 - z_0}{\Delta y}\right) = \varphi_0(x, z_0, z_1),$$

$$\frac{dz_1}{dx} = f\left(x, y_0 + \Delta y, z_1, \frac{z_2 - z_1}{\Delta y}\right) = \varphi_1(x, z_1, z_2)$$

. . . .

11. Lasse ich Δy unendlich klein werden, so kommen alle Functionen $z_0, z_1, \ldots$ einander unendlich nahe. Es empfiehlt sich daher anstatt dieser z neue, wirklich von einander verschiedene Functionen als Unbekannte zu nehmen. Das Einfachste ist, die durch Subtraction unendlich benachbarter Functionen und Division mit Δy erhaltenen „partiellen Differentialquotienten nach y" zu wählen; man hat zu diesem Zweck das unendliche System in der Weise umzuformen, dass man je zwei benachbarte Gleichungen subtrahirt und durch Δy dividirt, d. h. man erhält das gesuchte System durch fortgesetztes Differenziren der ursprünglichen Gleichung nach y. Setze ich:

$$(z)_{y_0} \quad z_0, \quad \left(\frac{\partial z}{\partial y}\right)_{y_0} \quad z_1, \quad \left(\frac{\partial^2 z}{\partial y^2}\right)_{y_0} \quad z_2, \ldots$$

so ist dies System:

$$\frac{dz_0}{dx} = \left[f\left(x, y, z, \frac{\partial z}{\partial y}\right)\right]_{y_0} = f_0(x, z_0, z_1)$$

$$\frac{dz_1}{dx} = \left[\frac{\partial}{\partial y} f\left(x, y, z, \frac{\partial z}{\partial y}\right)\right]_{y_0} = f_1(x, z_0, z_1, z_2)$$

. . . .

12. Die Frage nach dem Integral z der partiellen Differentialgleichung kann ich ersetzen durch die Frage nach den Integralen $z_0, z_1, \ldots$ dieses Systems. Für z wird dann gelten:

$$z = z_0 + z_1(y - y_0) + z_2 \cdot \frac{(y - y_0)^2}{2!} + \cdots$$

Zur völligen Bestimmung dieser Integrale nothwendig und hinreichend sind, wie oben gezeigt, die Daten: $(z_0)_{x_0} = \alpha_0$, $(z_1)_{x_0} = \alpha_1, \ldots$ oder, was dasselbe ist: die willkürliche Function $(z)_{x_0} = \alpha_0 + \alpha_1 \cdot (y - y_0) + \cdots$

Die Frage, ob sich nach einer bestimmten Wahl dieser Daten das Integral in Form einer Potenzreihe finden lässt, zerfällt in zwei unabhängige Fragen:

1. Hat das unendliche System in Potenzreihen entwickelbare Integrale $z_0, z_1, \ldots$?
2. Hat die Reihe $z = z_0 + z_1(y - y_0) + \cdots$ einen Sinn?

13. Es braucht hier nur darauf hingewiesen zu werden, dass auch jedes System von der Form:

$$\frac{\partial z_1}{\partial x} = f_1\left(x, y, z_1, z_2, \ldots z_n, \frac{\partial z_1}{\partial y}, \ldots \frac{\partial z_n}{\partial y}, \ldots \frac{\partial^k z_1}{\partial y^k}, \ldots\right)$$

. . . .

$$\frac{\partial z_n}{\partial x} = f_n\left(x, y, z_1, z_2, \ldots z_n, \frac{\partial z_1}{\partial x}, \ldots \right)$$

sich ebenso als unendliches System auffassen lässt, und dass als Anfangsdaten nothwendig und hinreichend sind $(z_1)_{x_0}, \ldots (z_n)_{x_0}$ als Functionen von y.

Ebenso, wenn nicht nur ein Parameter y vorkommt, sondern beliebig viele $y_1, \ldots y_m$. Nur bekäme man hier nicht eine einfach unendliche Reihe von Gleichungen und Unbekannten, sondern eine m-fach unendliche Menge.

Endlich, wenn die Gleichungen nicht nur in den y, sondern auch in x von höherer Ordnung als der ersten sind, muss man zwei Fälle unterscheiden:

1. Die höchste Ableitung nach x ist immer rein, es kommen nur Ableitungen $\dfrac{\partial^\nu z}{\partial x^\nu}$ vor (ν die höchste Ordnung in x).

2. Die höchsten Ableitungen nach x sind (alle oder zum Theil) noch nach irgend welchen y differenzirt, es kommen also Ausdrücke: $\dfrac{\partial^{\nu+\mu} z}{\partial x^\nu \partial y^\mu}$ vor.

Den ersten Fall kann man bekanntlich immer auf ein System wie das eben betrachtete zurückführen. So z. B. die Gleichung:

$$\frac{\partial^\nu z}{\partial x^\nu} = f\left(x, y, z, \frac{\partial z}{\partial x}, \ldots \frac{\partial^{\nu-1} z}{\partial x^{\nu-1}}, \frac{\partial z}{\partial x}, \ldots \frac{\partial^{\nu+\mu-1} z}{\partial x^{\nu-1} \partial y^\mu}\right)$$

auf das System:

$$\frac{\partial z}{\partial x} = z', \frac{\partial z'}{\partial x} = z'' \ldots \frac{\partial z^{(\nu-1)}}{\partial x} = f\left(x, y, z, z', \ldots z^{(\nu-1)}, \frac{\partial z}{\partial y}, \ldots \frac{\partial^\mu z^{(\nu-1)}}{\partial y^\mu}\right).$$

Als Anfangsdaten erfordert sind: $(z)_{x_0}, (z')_{x_0}, \ldots (z^{(\nu-1)})_{x_0}$ als Functionen von y.

Im zweiten Falle geht dies nicht. Ich nehme z. B. die Gleichung:

$$\frac{\partial^2 z}{\partial x \partial y} = f\left(x, y, z, \frac{\partial z}{\partial x}, \frac{\partial z}{\partial y}, \frac{\partial^2 z}{\partial y^2}\right).$$

Nenne ich $\dfrac{\partial z}{\partial y} = z_1$, $\dfrac{\partial^2 z}{\partial y^2} = z_2, \ldots$, so erhalte ich als Aequivalent folgendes unendliche System:

$$\frac{dz}{dx} = z', \frac{dz_1}{dx} = f(x, y, z, z', z_1, z_2) = \frac{\partial z'}{\partial y},$$

$$\frac{dz_2}{dx} = \frac{\partial f}{\partial y} = \varphi\left(x, y, z, z', z_1, z_2, \frac{\partial z'}{\partial y}, z_3\right) = f_1(x, y, z, z', z_1, z_2, z_3),$$

$$\frac{dz_3}{dx} = f_2(x, y, z, z', z_1, z_2, z_3, z_4),$$

. . . .

Dieses ist aber unvollständig; denn es kommt überall noch die Function z' vor, für welche keine eigene Gleichung vorhanden ist. Um also die Integrale des Systems völlig bestimmt zu erhalten, muss mir zunächst $(z')_{y_0}$ als Function von x bekannt sein. Ich setze diese ein, so ist das System vollständig und ich kann für die gegebene Anfangsfunction $(z)_{x_0} = \alpha_0 + \alpha_1(y - y_0) + \cdots$

die Integrale berechnen und untersuchen, ob sie einen Sinn haben. Wenn nun: $(z')_{y_0} = \beta_1 + \beta_2 x + \cdots$, so ist offenbar: $(z)_{y_0} = \alpha_0 + \beta_1 x + \frac{\beta_2}{2} x^2 + \cdots$

Demnach kann ich sagen:

Um das Integral der Gleichung

$$\frac{\partial^2 z}{\partial x \, \partial y} = f\left(x, y, z, \frac{\partial z}{\partial x}, \frac{\partial z}{\partial y}, \frac{\partial^2 z}{\partial y^2}\right)$$

zu bestimmen, müssen als Anfangsdaten gegeben sein: $(z)_{y_0}$ als Function von x; $(z)_{x_0}$ als Function von y. Beide müssen im ersten Coefficienten übereinstimmen.

Genau so lässt sich eine Gleichung behandeln, in welcher die höchste ν^{te} Ableitung nach x noch nach y differenzirt vorkommt und zwar im höchsten Falle μ-mal. Ich rechne dann aus:

$$\frac{\partial^{\nu+\mu} z}{\partial x^\nu \partial y^\mu} = f\left(x, y, z, \frac{\partial z}{\partial x}, \frac{\partial z}{\partial y}, \cdots\right)$$

und bilde mir, gerade wie im behandelten einfachen Fall, das unendliche System. Dasselbe wird wieder unvollständig sein, und zwar enthält es überschüssig die Abhängigen:

$$\frac{\partial^\nu z}{\partial x^\nu} = z^{(\nu)}, \frac{\partial^{\nu+1} z}{\partial x^\nu \partial y} = z^\nu_1, \cdots \frac{\partial^{\nu+\mu-1} z}{\partial x^\nu \partial y^{\mu-1}} = z^{(\nu)}_{\mu-1}.$$

Gerade wie oben wird geschlossen, dass zur Bestimmung der Integrale erforderlich sind die Daten:

$$(z)_{y_0}, \left(\frac{\partial z}{\partial y}\right)_{y_0}, \cdots \left(\frac{\partial^{\mu-1} z}{\partial y^{\mu-1}}\right)_{y_0}$$

als Functionen von x,

$$(z)_{x_0}, \left(\frac{\partial z}{\partial x}\right)_{x_0}, \cdots \left(\frac{\partial^{\nu-1} z}{\partial x^{\nu-1}}\right)_{x_0}$$

als Functionen von y, wobei wieder eine gewisse Anzahl von Coefficienten übereinstimmen muss.

14. Schliesslich sei noch bemerkt, dass unter Umständen das so erhaltene unendliche System in lauter Systeme endlicher Classe zerfallen kann. Dies tritt beispielsweise bei der Gleichung:

$$\frac{\partial^2 z}{\partial x \, \partial y} = f\left(x, y, z, \frac{\partial z}{\partial x}, \frac{\partial z}{\partial y}\right)$$

ein; denn von den Gleichungen:

$$\frac{dz}{dx} = z',$$

$$\frac{dz_1}{dx} = f(x, y, z, z', z_1),$$

$$\frac{dz_2}{dx} = f_1(x, y, z, z', z_1, z_2)$$

bildet, nachdem man für z' die gegebene Function eingesetzt hat, eine jede Gleichung schon mit den vorhergehenden immer ein vollständiges System. In solchen Fällen reducirt sich die Frage nach der Integrirbarkeit der Gleichung immer auf die zweite Frage (s. S. 17): Ist die Reihe $z_0 + z_1(y-y_0) + \cdots$ convergent? Denn die $z_0, z_1, \ldots$ sind als Integrale endlicher Systeme immer zu bestimmen.

2. Methode der Untersuchung, ob partielle Differentialgleichungssysteme mit lauter positiven Coefficienten in Potenzreihen entwickelbare Integrale haben.

15. Wenn nach Ausrechnung der höchsten Differentialquotienten nach x sich auf den rechten Seiten Potenzreihen in den vorkommenden Variabeln (abhängigen und unabhängigen) ergeben, deren Coefficienten sämmtlich positive Zahlen sind, so hat auch das dem partiellen System äquivalente unendliche System lauter positive Coefficienten und man kann die oben angegebene Methode anwenden. Um zu zeigen, wie man im gegebenen Falle zu verfahren hat, unterscheide ich wieder, ob der höchste Differentialquotient nach x nur rein vorkommt oder noch nach einem y differenzirt ist.

Fall 1. Das System ist zu ersetzen durch ein System von einer grösseren Anzahl Gleichungen, in welchem nur erste Differentialquotienten nach x vorkommen. Der Einfachheit halber werde im Folgenden eine einzelne Gleichung betrachtet, die in x von der ersten Ordnung ist:

$$\frac{\partial z}{\partial x} = f\left(x, y, z, \frac{\partial z}{\partial y}, \ldots \frac{\partial^\mu z}{\partial y^\mu}\right).$$

Zunächst entwickele ich f um die Anfangswerthe

$$x - x_0, \; y - y_0, \; z - (z)_{x_0}, \; \frac{\partial z}{\partial y} - \left(\frac{\partial z}{\partial y}\right)_{x_0}, \ldots$$

in eine Taylor'sche Reihe. Der Einfachheit halber schreibe ich dann wieder für $x - x_0 : x$, $y - y_0 : y$, $z - (z)_{x_0} : z, \ldots$ Ich nehme an, die Gleichung habe ein Integral, so berechne ich aus dem im Punkte $y = 0$ äquivalenten unendlichen System die Functionen $z_0, z_1, \ldots$ so ist ja

$$z = z_0 + z_1 y + z_2 \cdot \frac{y^2}{2!} + \cdots$$

$$\frac{\partial z}{\partial y} = z_1 + z_2 y + \cdots$$

$$\cdots \cdots \cdots \cdots$$

Setze ich diese Reihen in f ein, so kommt nunmehr rechts y nur noch explicite vor, denn $z_0, z_1, \ldots$ hängen nur von x ab. Ordne ich nun nach Potenzen von y:

$$f\left(x, y, z, \frac{\partial z}{\partial y}, \ldots \frac{\partial^\mu z}{\partial y^\mu}\right) = f_0(x, z_0, z_1, \ldots z_\mu) +$$
$$+ f_1(x, z_0, z_1, \ldots z_{\mu+1}) \cdot y + \cdots + f_m(x, z_0, z_1, \ldots z_{\mu+m}) \cdot \frac{y^m}{m!} + \cdots$$

so stellen die Coefficienten $f_0, f_1, \ldots$ die rechten Seiten des unendlichen Systems dar; denn offenbar ist allgemein:

$$\frac{dz_m}{dx} = f_m(x, z_0, z_1, \ldots z_{\mu+m}).$$

Ich führe nun die Beschränkung ein, dass die Coefficienten von f (und somit auch von allen f_m) positiv sind, so wende ich die Methode an:

Ich setze für $z_0: C_{01} x + C_{02} x^2 + \cdots = \zeta_0$
$z_1: C_{11} x + C_{12} x^2 + \cdots = \zeta_1$
. . . .

d. h. für z: $\zeta_0 + \zeta_1 y + \zeta_2 \frac{y^2}{2!} + \cdots = \zeta$

für $\frac{\partial z}{\partial y}$: $\zeta_1 + \zeta_2 y + \cdots = \frac{\partial \zeta}{\partial y}$
. . . .

so bekomme ich für f eine Potenzreihe in x und y:

$$\varphi(x, y) = \varphi_0(x) + \varphi_1(x) \cdot y + \cdots + \varphi_m(x) \cdot \frac{y^m}{m!} + \cdots$$

und es muss nun, wenn $\varphi_m(x) = A_0^{(m)} + A_1^{(m)} x + \cdots + A_\nu^{(m)} x^\nu + \cdots$ sein: $A_0^{(m)} \leq C_{m1}, A_1^{(m)} \leq 2C_{m2}, \ldots A_\nu^{(m)} \leq \nu \cdot C_{m\nu}, \ldots$ ferner allgemein $\nu \cdot C_{m\nu} \leq A^{(m)} \cdot R^\nu$; $A^{(m)}$ für jedes m eine bestimmte endliche Zahl, R für alle m dasselbe.

Fall 2. Auch hier werde die Methode an einem einfachen Beispiel gezeigt:

$$\frac{\partial^{\mu+1} z}{\partial x \partial y^\mu} = f\left(x, y, z, \frac{\partial z}{\partial x}, \frac{\partial^2 z}{\partial x \partial y}, \ldots \frac{\partial^\mu z}{\partial x \partial y^{\mu-1}}, \frac{\partial z}{\partial y}, \ldots \frac{\partial^\nu z}{\partial y^\nu}\right);$$

ausser $(z)_{x=0}$ als Function von y müssen auch $z_0, z_1, \ldots z_{\mu-1}$ (Functionen von x) gegeben sein. Ich denke mir wieder anstatt $z: z - (z)_{x=0}$ als die gesuchte Function und schreibe hierfür z, so sind $z_0, z_1, \ldots$ sämmtlich im Punkte $x = 0$ Null. Setze ich nun:

$$z = z_0 + z_1 y + \cdots + z_{\mu-1} \cdot \frac{y^{\mu-1}}{(\mu-1)!} + z_\mu \cdot \frac{y^\mu}{\mu!} + z_{\mu+1} \cdot \frac{y^{\mu+1}}{(\mu+1)!} + \cdots$$

$$z' = z'_0 + z'_1 y + \cdots + z'_{\mu-1} \cdot \frac{y^{\mu-1}}{(\mu-1)!} + \frac{y^\mu}{\mu!} f_0 + \frac{y^{\mu+1}}{(\mu+1)!} \cdot f_1 + \cdots$$

$$f_0 = f(x, 0, z_0, z'_0, \ldots z'_{\mu-1}, z_1, \ldots z_\nu)$$

$$f_1 = \left(\frac{df}{dy}\right)_0 = \left(\frac{\partial f}{\partial y}\right)_0 + \left(\frac{\partial f}{\partial z}\right)_0 z_1 + \cdots + \left(\frac{\partial f}{\partial z'_{\mu+1}}\right)_0 \cdot f_0 + \cdots + \left(\frac{\partial f}{\partial z_\nu}\right)_0 \cdot z_{\nu+1}$$

$$f_2 = \left(\frac{d^2 f}{dy^2}\right)_0 = \cdots$$
. . . .

Dies in f eingesetzt, ergiebt eine Potenzreihe in y ($z_0, z'_0, z_1, \ldots$ hängen nur von x ab):

$$f_0(x, z_0, z'_0 \ldots z'_{\mu-1}, z_1 \ldots z_\nu) + y \cdot f_1(x, z_0, z'_0, \ldots z'_{\mu-1}, z_1, \ldots z_{\nu+1}) + \cdots$$
$$\cdots + \frac{y^m}{m!} \cdot f_m(x, z_0, z'_0, \ldots z'_{\mu-1}, z_1, \ldots z_{\nu+m}) + \cdots$$

Das unendliche System lautet:
$$\frac{dz_\mu}{dx} = f_0, \quad \frac{dz_{\mu+0}}{dx} = f_1, \ldots$$

(ist vollständig, da $z_0, z_1, \ldots z_{\mu-1}$ bekannt sind). Von hier an ist der Weg der Untersuchung derselbe, wie im Falle 1.

16. Haben wir nun die S. 17 gestellte Frage 1. entschieden, so müssen wir noch 2. untersuchen, ob nämlich $z_0 + z_1 \cdot y + z_2 \frac{y^2}{2!} + \ldots$ in x und y einen Sinn hat. Aber diese Frage ist, im Falle alle Coefficienten positiv sind, ohne Weiteres erledigt. Hat nämlich obige Reihe in dem Bereiche $|y| \leq \varrho$ einen Sinn, so muss sich die Function auch um $y_0 < \varrho$ ($y_0 > 0$) entwickeln lassen: $\delta_0 + \delta_1 (y - y_0) + \delta_2 \frac{(y - y_0)^2}{2!} + \cdots$ wo $\delta_0, \delta_1, \delta_2 \cdots$ wieder Potenzreihen in x mit lauter positiven Coefficienten sind, die Integrale eines unendlichen Systems, welches mit der partiellen Differentialgleichung im Punkte $y = y_0$ zusammenfällt und wiederum lauter positive Coefficienten hat.

Dieses System muss sich also ebenfalls mit Hilfe von Potenzreihen integriren lassen. Aber umgekehrt, ist dies der Fall, so hat auch die Entwickelung um $y = 0$ einen Sinn.

Ich betrachte nämlich y_0 als unbestimmten Parameter, so sind die Coefficienten des unendlichen Systems für $y = y_0$ Potenzreihen in y_0 und zwar mit lauter positiven Gliedern. Offenbar erhalte ich nun beim Integriren:

$$\delta_0 = f_0(y_0) + x \cdot f_1(y_0) + x^2 \cdot \frac{f_2(y_0)}{2!} + \cdots$$

$f_0, f_1, \ldots$ sind wiederum Potenzreihen in y_0 mit lauter positiven Gliedern. Hat diese Reihe δ_0 für einen bestimmten positiven Werth y_0 einen Sinn, so hat sie es gewiss auch für jedes kleinere y_0. Beachtet man nun, dass $\delta_0 = (z)_{y_0}$, so folgt, dass die Reihe mit zwei Variabeln, x und y:

$$z = z_0 + z_1 \cdot y + \cdots$$

mit lauter positiven Coefficienten für alle positiven Werthe $y < y_0$ einen Sinn hat, d. h. die Reihe hat einen von Null verschiedenen Convergenzbereich.

Anmerkung. Hieraus erhellt, dass Gleichungen, wie die S. 19 angeführte, stets Integrale haben. Denn das entsprechende unendliche System zerfällt für jedes y in eine Reihe endlicher Systeme, also giebt es für jedes y Potenzreihen als Integrale. Damit ist auch die zweite Frage bejahend beantwortet.

17. Ich werde nun also nicht die unendlichen Systeme im Punkte $y = 0$, sondern in $y = y_0$, $y_0 > 0$ untersuchen, so bekomme ich sofort die hinreichenden und nothwendigen Bedingungen für die Existenz einer Potenzreihe $z(x, y)$. Der Einfachheit halber schreibe ich wieder für $y - y_0 : y$. Es ist wichtig, zu bemerken, dass, sobald eine Potenz y^m in einem Coefficienten vorkommt, auch alle niedrigeren sich finden müssen. Man erkennt dies, indem man y^m um den positiven Werth $y = y_0$ entwickelt. Da wir es hier fortwährend nur mit positiven Grössen zu thun haben, kann sich nichts fortheben.

18. Als Anwendung dieser Methode werde ich nun die Bedingungen untersuchen, unter denen die Gleichung

$$\frac{\partial z}{\partial x} = f\left(x, y, z, \frac{\partial z}{\partial y}, \frac{\partial^2 z}{\partial y^2}\right)$$

ein Integral hat. Um aber die Art und Weise, wie man die Methode zu benutzen hat, klar zu machen, nehme ich zunächst den einfacheren Fall

$$\frac{\partial z}{\partial x} = f(x, y) + f_0(x, y) \cdot z + f_1(x, y) \frac{\partial z}{\partial y}.$$

(Hier existirt bekanntlich immer ein Integral; vergl. Frau S. v. Kowalewsky, zur Theorie der partiellen Differentialgleichungen. Crelles Jounal Bd. 80, 1875, p. 1 ff., besonders auch p. 22 ff.

Dritter Abschnitt.
Anwendungen.

---

1. Die lineare Differentialgleichung erster Ordnung:

$$\frac{\partial z}{\partial x} = f(x, y) + f_0(x, y) \cdot z + f_1(x, y) \cdot \frac{\partial z}{\partial y}.$$

a) Untersuchung des unendlichen Systems, in welchem x nicht explicite vorkommt.

19. Die Gleichung sei:

$$\frac{\partial z}{\partial x} = f(y) + f_0(y) \cdot z + f_1(y) \cdot \frac{\partial z}{\partial y}$$

$$f(y) = a_0 + a_1 y + \cdots + a_m \cdot \frac{y^m}{m!} + \cdots$$

$$f_0(y) = b_0 + b_1 y + \cdots + b_m \cdot \frac{y^m}{m!} + \cdots$$

$$f_1(y) = c_0 + c_1 y + \cdots + c_m \cdot \frac{y^m}{m!} + \cdots$$

Setze ich $z = \xi_0 + \xi_1 y + \xi_2 \dfrac{y^2}{2!} + \cdots$ rechts ein, so bekomme ich:

$$\left(a_0 + a_1 y + a_2 \dfrac{y^2}{2!} + \cdots\right) + (b_0 + b_1 y + \cdots)(\xi_0 + \xi_1 y + \cdots) + (c_0 + c_1 y + \cdots)(\xi_1 + \xi_2 y + \cdots)$$

$$= (a_0 + b_0 \cdot \xi_0 + c_0 \cdot \xi_1) + (a_1 + b_0 \xi_1 + b_1 \xi_0 + c_0 \xi_2 + c_1 \xi_1) y + \cdots$$

$$+ \left. \begin{array}{l} a_m + b_0 \xi_m + m\, b_1 \xi_{m-1} + \binom{m}{2} \cdot b_2 \cdot \xi_{m-2} + \cdots + b_m \cdot \xi_0 \\ + c_0 \cdot \xi_{m+1} + m \cdot c_1 \cdot \xi_m + \binom{m}{2} \cdot c_2 \cdot \xi_{m-1} + \cdots + c_m \cdot \xi_1 \end{array} \right| \dfrac{y^m}{m!} + \cdots$$

Ist nun:

$$\xi_0 = C_{01} \cdot x + C_{02} \cdot x^2 + \cdots$$
$$\xi_1 = C_{11} \cdot x + C_{12} \cdot x^2 + \cdots$$
$$\cdots \cdots \cdots$$

so ist der Coefficient von $\dfrac{y^m}{m!}$:

$$A_0^{(m)} = a_m \qquad\qquad\qquad < C_{m1}$$

$$+ A_1^{(m)} \cdot x =$$

$$x \cdot \left| \begin{array}{l} \cdot b_0 C_{m,1} + m b_1 C_{m-1,1} + \binom{m}{2} b_2 C_{m-2,1} + \cdots + b_m \cdot C_{0,1} \\ + c_0 C_{m+1,1} + m \cdot c_1 C_{m,1} + \binom{m}{2} c_2 C_{m-1,1} + \cdots + c_m C_{1,1} \end{array} \right| \leq 2 C_{m2} x$$

$$+ A_\mu^{(m)} \cdot x^\mu =$$

$$x^\mu \cdot \left| \begin{array}{l} b_0 \cdot C_{m,\mu} + m \cdot b_1 \cdot C_{m-1,\mu} + \binom{m}{2} \cdot b_2 \cdot C_{m-2,\mu} + \cdots + b_m \cdot C_{0,\mu} \\ + c_0 C_{m+1,\mu} + m \cdot c_1 C_{m,\mu} + \binom{m}{2} c_2 \cdot C_{m-1,\mu} + \cdots + c_m \cdot C_{1,\mu} \end{array} \right| < (\mu+1) C_{m,\mu+1} \cdot x^\mu$$

Zufolge der Bemerkung S. 23 muss ich annehmen: $c_0 > 0$. Ich schreibe mir nun die folgende Reihe von Ungleichungen auf:

$$A_1^{(m)} < 2 C_{m2}$$

$$A_2^{(m-1)} = \cdots + c_0 \cdot C_{m2} + \cdots \leq 3 C_{m-1,3},$$

$$A_3^{(m-2)} = \cdots + c_0 \cdot C_{m-1,3} + \cdots \leq 4 C_{m-2,4}$$

$$\cdots \cdots \cdots \cdots \cdots \cdots$$

$$A_{m+1}^{(0)} = \cdots + c_0 \cdot C_{1,m+1} + \cdots \leq (m+2) \cdot C_{0,m+2}$$

Multiplicirt: $c_0^m \cdot A_1^{(m)} < (m+2)! \; C_{0,m+2} \leq (m+2)! \; A^{(0)} \cdot r^{m+2}$ (S. 21).

Setzt man $2 \cdot A_0 \cdot r^2 = A$, $\dfrac{r}{c_0} < R$, so ergeben sich also (wenn R gross genug gewählt ist) folgende Bedingungen:

$$A_1^{(0)} < A,$$
$$A_1^{(1)} < A \cdot R,$$
$$A_1^{(2)} < 2! \, A \cdot R^2,$$
$$\cdots \cdots \cdots$$
$$A_1^{(m)} < m! \, A \cdot R^m.$$
$$\cdots \cdots \cdots$$

Da nun: $A_1^{(m)} = b_0 \cdot C_{m,1} \quad + m \cdot b_1 \cdot C_{m-1,1} + \cdots + b_m' \cdot C_{01}$
$\qquad\qquad\qquad + c_0 \cdot C_{m+1,1} + m \cdot c_1 \cdot C_{m,1} \quad + \cdots + c_m \cdot C_{11}$

und da nicht alle $C_{m,1}$ Null sein können, weil ja die $a_m < C_{m,1}$*, so folgen aus dieser Reihe von Ungleichungen drei andere Reihen: Es muss sechs Zahlen: $A, B, C, \varrho, \varrho_0, \varrho_1$ geben, dass:

$$C_{01} < A, \; C_{11} < A \cdot \varrho, \; \cdots C_{m,1} < m! \, A \cdot \varrho^m, \cdots$$

oder 1) $\quad a_0 < A, \; a_1 < A \cdot \varrho, \; \cdots a_m \; < m! \, A \cdot \varrho^m, \cdots$

ferner 2) $\quad b_0 < B, \; b_1 < B \cdot \varrho_0, \; \cdots b_m \; < m! \, B \cdot \varrho_0^m, \cdots$

und 3) $\quad c_0 < C, \; c_1 < C \cdot \varrho_1, \; \cdots c_m \; < m! \, C \cdot \varrho_1^m, \cdots$

Berücksichtigt man die Bedeutung der a, b, c (s. S. 23), so heissen diese Bedingungen nichts weiter, als dass die Reihen: $f(y), f_0(y), f_1(y)$ von Null verschiedene Convergenzradien haben müssen.

Diese Bedingungen sind aber nicht nur nothwendig, sondern auch völlig hinreichend für die Existenz von Integralen.

Sei nämlich $R > \varrho, \varrho_0, \varrho_1$, so kann ich gewiss setzen: $C_{m1} = m! \, A \cdot R^m$, denn dann sind die Bedingungen $A_0^{(m)} = a_m < C_{m1}$ erfüllt. Um $A_1^{(m)}$ zu berechnen, setze ich statt der b_m, c_m die grösseren Werthe $m! \, B \cdot \varrho_0^m, m! \, C \cdot \varrho_1^m$. Dann ist:

$$A_1^{(m)} = (b_0 C_{m1} + m \cdot b_1 C_{m-1,1} + \cdots + b_m C_{01}) + (c_0 C_{m+1,1} + m \cdot c_1 C_{m,1} + \cdots + c_m C_{11})$$

$$A_1^{(m)} < A \cdot C \cdot (m+1)! \, R^{m+1} \cdot \left(1 + \frac{m}{m+1} \cdot \frac{\varrho_1}{R} + \frac{m-1}{m+1} \left[\frac{\varrho_1}{R}\right]^2 + \cdots + \frac{1}{m+1} \cdot \left[\frac{\varrho_1}{R}\right]^m \right)$$

$$+ A \cdot B \cdot m! \, R^m \left(1 + \frac{\varrho_0}{R} + \cdots + \left[\frac{\varrho_0}{R}\right]^m\right)$$

$$< (m+1)! \, A \cdot R^{m+1} \cdot \left(\frac{C \cdot R}{1 - \frac{\varrho_1}{R}} + \frac{1}{m+1} \cdot \frac{B}{1 - \frac{\varrho_0}{R}}\right)$$

$$< (m+1)! \, A \cdot R^{m+1} \cdot \varrho',$$

wo ϱ' so bestimmt sei, dass es für alle m denselben Werth hat, z. B.:

$$\varrho' = \frac{C \cdot R}{1 - \frac{\varrho_1}{R}} + \frac{B}{1 - \frac{\varrho_0}{R}}.$$

---

* Den Fall $\frac{\partial z}{\partial x} = f_0(y) \cdot z + f_1(y) \cdot \frac{\partial z}{\partial y}$ brauche ich nicht zu berücksichtigen. Hier ist das Integral unter allen Umständen $z = 0$.

Wähle ich nun $C_{m_2} = \dfrac{(m+1)!}{2} \cdot A \cdot R^m \cdot \varrho'$, so sind die Bedingungen $A_1^{(m)} < 2 \cdot C_{m_2}$ erfüllt. Ferner ist:

$$A_2^{(m)} < A \cdot \frac{(m+2)!}{2} \cdot R^m \cdot \varrho' \cdot \left(\frac{C \cdot R}{1 - \dfrac{\varrho_1}{R}} + \frac{B}{1 - \dfrac{\varrho_0}{R}} \right) < A \cdot \frac{(m+2)!}{2} \cdot R^m \cdot \varrho'^2.$$

Also, wenn $C_{m_3} = \dfrac{(m+2)!}{3!} \cdot A \cdot R^m \cdot \varrho'^2$, so ist $A_2^{(m)} < 3 \, C_{m_3}$ und so fort. $C_{m\mu} = \dfrac{(m+\mu-1)!}{\mu!} \cdot A \cdot R^m \cdot \varrho'^{\mu-1}$ gesetzt, wird immer der Bedingung $A_{\mu-1}^{(m)} < \mu \cdot C_{m\mu}$ genügen. Denn:

$$(\mu-1)! \, A_{\mu-1}^{(m)} < A \cdot B \, \varrho'^{\mu-2} R^m \cdot (m+\mu-2)!$$

$$\left(1 + \frac{m}{m+\mu-2} \cdot \left[\frac{\varrho_0}{R}\right] + \frac{m \cdot (m-1)}{(m+\mu-2)(m+\mu-3)} \left[\frac{\varrho_0}{R}\right]^2 + \cdots + \frac{m!}{(m+\mu-2)\cdots(\mu-1)} \cdot \left[\frac{\varrho_0}{R}\right]^m \right)$$

$$+ A \cdot C \cdot \varrho'^{\mu-2} \cdot R^m \cdot (m+\mu-1)!$$

$$\left(1 + \frac{m}{m+\mu-1} \cdot \left[\frac{\varrho_1}{R}\right] + \frac{m \cdot (m-1)}{(m+\mu-1)(m+\mu-2)} \left[\frac{\varrho_1}{R}\right]^2 + \cdots + \frac{m!}{(m+\mu-1)\cdots\mu} \cdot \left[\frac{\varrho_1}{R}\right]^m \right)$$

$$< (m+\mu-1)! \, A \cdot R^m \cdot \varrho'^{\mu-2} \cdot \left(\frac{B}{m+\mu-1} \cdot \frac{1}{1 - \dfrac{\varrho_0}{R}} + \frac{C}{1 - \dfrac{\varrho_1}{R}} \right)$$

$$< (m+\mu-1)! \, A \cdot R^m \cdot \varrho'^{\mu-1} = \mu! \, C_{m,\mu}$$

$$A_{\mu-1}^{(m)} < \mu \cdot C_{m,\mu}.$$

Nun hat aber die Reihe:

$$m! \, A \cdot R^m \cdot x + \frac{(m+1)!}{2} \cdot A \cdot R^m \cdot \varrho' \cdot x^2 + \cdots$$

$$+ \frac{(m+\mu-1)!}{\mu!} \cdot A \cdot R^m \cdot \varrho'^{\mu-1} \cdot x^\mu + \cdots$$

einen Sinn; denn der Quotient zweier aufeinanderfolgender Glieder nähert sich dem Werthe:

$$\lim_{\mu=\infty} \left(\frac{m+\mu}{\mu+1} \cdot \varrho' \cdot x \right) = \varrho' \cdot x.$$

Die Reihe hat also den Convergenzradius $\dfrac{1}{\varrho'}$. Also lässt sich das unendliche System mit Hilfe von Potenzreihen integriren.

Es ist nicht ohne Interesse zu bemerken, dass das für $y = 0$ gewonnene unendliche System im Falle $c_0 = 0$ stets Potenzreihen zu Integralen hat, auch wenn $f(y)$, $f_0(y)$, $f_1(y)$ nicht in Potenzreihen entwickelbar sind, sondern nur für $y = 0$ lauter endliche Ableitungen haben. Es lautet nämlich in diesem Falle das unendliche System:

$$\frac{dz_0}{dx} = \Big[f(y) + f_0(y) \cdot z + f_1(y) \cdot \frac{\partial z}{\partial y}\Big]_0 = a_0 + b_0 \cdot z_0,$$

$$\frac{dz_1}{dx} = \Big[f'(y) + f'_0(y) \cdot z + [f_0(y) + f'_1(y)] \cdot \frac{\partial z}{\partial y} + f_1(y) \cdot \frac{\partial^2 z}{\partial y^2}\Big]_0$$
$$= a_1 + b_1 \cdot z_0 + (b_0 + c_1) \cdot z_1$$

$$\frac{dz_2}{dx} = \Big[f''(y) + f''_0(y) \cdot z + [2f'_0(y) + f''_1(y)] \cdot \frac{\partial z}{\partial y} + [f_0(y) + 2f'_1(y)] \cdot \frac{\partial^2 z}{\partial y^2} + f_1(y) \cdot \frac{\partial^3 z}{\partial y^3}\Big]_0$$
$$= a_2 + b_2 \cdot z_0 + (2b_1 + c_2)z_1 + (b_0 + 2c_1) \cdot z_2.$$

. . . .

Eine jede Gleichung bildet schon mit den vorhergehenden ein vollständiges System. Sind also die Differentialquotienten von $f(y), f_0(y), f_1(y)$ für $y = 0$ (die mit a, b, c bezeichnet wurden) etwa bis zum m^{ten} alle endlich, so lassen sich $z_0, z_1, \ldots z_m$ als Potenzreihen berechnen. Sind sämmtliche a, b, c endlich, ohne dass darum f, f_0, f_1 Taylor'sche Reihen zu sein brauchen, so ist das ganze unendliche System integrirbar.

Aber, damit z als Potenzreihe in x und y existirt, ist auch im Falle $c_0 = 0$ die für $c \neq 0$ nachgewiesene Bedingung nothwendig.

b) Resultat.

20. Stellen wir mit Obigem das in 7. und 16. Gefundene zusammen, so erhalten wir den Satz:

Nothwendig und hinreichend dafür, dass die Gleichung mit lauter positiven Coefficienten:

$$\frac{\partial z}{\partial x} = f(x, y) + f_0(x, y) \cdot z + f_1(x, y) \cdot \frac{\partial z}{\partial y}$$

als Integral $z(x, y)$ eine Potenzreihe in x und y hat, ist nur, dass f, f_0, f_1 Potenzreihen mit von Null verschiedenen Convergenzbereichen in x und y sind.

2. Die Differentialgleichung $\frac{\partial z}{\partial x} = f\left(x, y, z, \frac{\partial z}{\partial y}, \frac{\partial^2 z}{\partial y^2}\right).$

a) Die Gleichung sei linear.

21. Ich nehme zunächst an, x komme rechts nicht vor. Die Gleichung sei:

$$\frac{\partial z}{\partial x} = f(y) + f_0(y) \cdot z + f_1(y) \cdot \frac{\partial z}{\partial y} + f_2(y) \cdot \frac{\partial^2 z}{\partial y^2},$$

$$f(y) = a_0 + a_1 y + a_2 \cdot \frac{y^2}{2!} + \cdots$$

$$f_0(y) = b_0 + b_1 y + b_2 \cdot \frac{y^2}{2!} + \cdots$$

$$f_1(y) = c_0 + c_1 y + c_2 \cdot \frac{y^2}{2!} + \cdots$$

$$f_2(y) = d_0 + d_1 y + d_2 \cdot \frac{y^2}{2!} + \cdots$$

Setze ich ein:
$$z = \xi_0 + \xi_1 \cdot y + \xi_2 \cdot \frac{y^2}{2!} + \cdots,$$
$$\xi_0 = C_{01} x + C_{02} x^2 + \cdots,$$
$$\xi_1 = C_{11} x + C_{12} x^2 \cdots, \cdots$$

so wird die rechte Seite:
$$(a_0 + b_0 \xi_0 + c_0 \xi_1 + d_0 \xi_2) + (a_1 + b_0 \xi_1 + b_1 \xi_0 + c_0 \xi_2 + c_1 \xi_1 + d_0 \xi_3 + d_1 \xi_2) \cdot y +$$
$$\cdots + a_m + b_0 \xi_m + m \cdot b_1 \xi_{m-1} + \binom{m}{2} \cdot b_2 \cdot \xi_{m-2} + \cdots + b_m \xi_0$$
$$+ c_0 \cdot \xi_{m+1} + m \cdot c_1 \cdot \xi_m + \binom{m}{2} \cdot c_2 \cdot \xi_{m-1} + \cdots + c_m \xi_1 \bigg| \frac{y^m}{m!} + \cdots$$
$$+ d_0 \cdot \xi_{m+2} + m \cdot d_1 \cdot \xi_{m+1} + \binom{m}{2} \cdot d_2 \xi_m + \cdots + d_m \xi_2$$

Entwickelt nach x-Potenzen lautet der Factor von $\frac{y^m}{m!}$:

$$A_0^{(m)} = a_m \qquad\qquad \leq C_{m,1} x$$
$$+ A_1^{(m)} \cdot x =$$

$$x \begin{vmatrix} b_0 C_{m1} + m \cdot b_1 \cdot C_{m-1,1} + \binom{m}{2} \cdot b_2 C_{m-2,1} + \binom{m}{3} b_3 C_{m-3,1} + \cdots + b_m C_{01} \\ + c_0 \cdot C_{m+1,1} + m \cdot c_1 C_{m,1} + \binom{m}{2} \cdot c_2 \cdot C_{m-1,1} + \binom{m}{3} c_3 C_{m-2,1} + \cdots + c_m C_{11} \\ + d_0 \cdot C_{m+2,1} + m \cdot d_1 C_{m+1,1} + \binom{m}{2} \cdot d_2 \cdot C_{m,1} + \binom{m}{3} d_3 C_{m-1,1} + \cdots + d_m C_{21} \end{vmatrix} \leq 2 C_{m,2} x$$

$$+ A_n^{(m)} \cdot x^n =$$

$$x^n \begin{vmatrix} b_0 C_{mn} + m \cdot b_1 C_{m-1,n} + \binom{m}{2} \cdot b_2 C_{m-2,n} + \binom{m}{3} b_3 C_{m-3,n} + \cdots + b_m C_{0n} \\ + c_0 C_{m+1,n} + m \cdot c_1 C_{m,n} + \binom{m}{2} \cdot c_2 C_{m-1,n} + \binom{m}{3} c_3 C_{m-2,n} + \cdots + c_m C_{1n} \\ + d_0 C_{m+2,n} + m \cdot d_1 C_{m+1,n} + \binom{m}{2} \cdot d_2 C_{m,n} + \binom{m}{3} d_3 C_{m-1,n} + \cdots + d_m C_{2n} \end{vmatrix} \leq (n+1) \cdot C_{m,n+1} x^n$$

22. Erster Fall. Der Coefficient von $\frac{\partial^2 z}{\partial y^2}$ sei eine Constante: $d_0 = D$.

Es müssen nun folgende Ungleichungen bestehen:
$$A_1^{(m-2)} = \cdots + D \cdot C_{m,1} + \cdots < 2 C_{m-2,2}$$
$$A_2^{(m-4)} = \cdots + D \cdot C_{m-2,2} + \cdots < 3 C_{m-4,3},$$
$$\cdots\cdots\cdots\cdots$$
$$A_{\frac{m}{2}}^{(0)} = \cdots + D \cdot C_{2,\frac{m}{2}} + \cdots < \left(\frac{m}{2}+1\right) \cdot C_{0,\frac{m}{2}+1} \quad \text{(wenn } m \text{ gerade angenommen wird)}$$

$$D^{\frac{m}{2}} \cdot C_{m,1} \quad < \left(\frac{m}{2}+1\right)! C_{0,\frac{m}{2}+1} < \left(\frac{m}{2}+1\right)! A^{(0)} \cdot r^{\frac{m}{2}+1}, (S.\ 21),$$

ebenso wenn m ungerade:
$$D^{\frac{m-1}{2}} \cdot C_{m,1} \quad < \left(\frac{m+1}{2}\right)! C_{1,\frac{m+1}{2}} < \left(\frac{m+1}{2}\right)! A^{(1)} \cdot r^{\frac{m+1}{2}}.$$

Wähle ich nun $R > \sqrt{\dfrac{r}{D}}$ gross genug, so kann ich eine Zahl A angeben, dass stets die Ungleichungen bestehen:
$$C_{2\nu,1} < \nu! A \cdot R^{2\nu}, \quad C_{2\nu+1,1} < \nu! A \cdot R^{2\nu+1}$$

— 29 —

Da nun aber alle $a_m < C_{m,1}$, so muss die Reihe $f(y)$ Coefficienten haben, kleiner als die einer gewissen Reihe:

$$A \cdot \left(1 + y \cdot R + \frac{1!}{2!} y^2 \cdot R^2 + \frac{1!}{3!} \cdot y^3 \cdot R^3 + \cdots \frac{\nu!}{2\nu!} \cdot y^{2\nu} \cdot R^{2\nu} + \frac{\nu!}{2\nu+1!} \cdot y^{2\nu+1} \cdot R^{2\nu+1} + \cdots\right)$$

Also wenn ich setze $R < 2\varrho$, kleiner als die der Reihe:

$$A \cdot \left(1 + y \cdot \varrho + \frac{y^2 \cdot \varrho^2}{1!} + \frac{y^3 \cdot \varrho^3}{1!} + \cdots + \frac{y^{2\nu} \cdot \varrho^{2\nu}}{\nu!} + \frac{y^{2\nu+1} \cdot \varrho^{2\nu+1}}{\nu!} + \cdots\right)$$

$$\left(\text{Denn } \frac{2\nu!}{(\nu!)^2} > 2^{2\nu}; \text{ also } \frac{1}{\nu!} > \frac{\nu! 2^{2\nu}}{2\nu!}\right)$$

$f(y)$ muss Coefficienten haben, kleiner als die der Reihe

$$A \cdot \left(e^{y^2 \nu^2} + \varrho \cdot y \cdot e^{y^2 \nu^2}\right).$$

Dies ist die erste nothwendige Bedingung, welche aber noch nicht hinreichend ist.

Genau so, wie für C_{m1}, kann man nämlich für jedes $C_{m,\mu}$ eine Ungleichung herleiten. Und zwar muss sein:

$$C_{2\nu,\mu} < \frac{(\nu+\mu)!}{\mu!} \cdot A \cdot R^{2\nu}, \quad C_{2\nu+1,\mu} < \frac{(\nu+\mu)!}{\mu!} \cdot A \cdot R^{2\nu+1}.$$

(A und R dieselben Zahlen, wie oben.)

Ausserdem aber gilt die folgende Reihe (indem ich $\frac{b_3}{3!} = B_3$ setze):

$$A_1^{(m+3)} + \cdots + (m+3) \cdot (m+2) \cdot (m+1) \cdot B_3 \cdot C_{m,1} + \cdots < 2 \cdot C_{m+3,2},$$

$$A_2^{(m+6)} + \cdots + (m+6) \cdot (m+5) \cdot (m+4) \cdot B_3 \cdot C_{m+3,2} + \cdots < 3 \cdot C_{m+6,3},$$

. . . .

$$A_\mu^{(m+3\mu)} = \cdots + (m+3\mu) \cdot (m+3\mu-1) \cdot (m+3\mu-2) \cdot B_3 \cdot C_{m+3(\mu-1),\mu} + \cdots < (\mu+1) \cdot C_{m+3\mu,\mu+1}$$

$$\frac{(m+3\mu)!}{m!} \cdot B_3^{\mu-1} \cdot C_{m,1} < (\mu+1)! \, C_{m+3\mu,\mu+1} \text{ für jedes } \mu.$$

Wähle ich μ so, dass $m + \mu$ gerade, so ist

$$C_{m+3\mu,\mu+1} < \frac{\left(\frac{m+3\mu}{2} + \mu + 1\right)!}{(\mu+1)!} \cdot A \cdot R^{m+3\mu}$$

$$\frac{(m+3\mu)!}{m!} \cdot B_3^{\mu} \cdot C_{m,1} < \left(\frac{m+3\mu}{2} + \mu + 1\right)! \, A \cdot R^{m+3\mu}$$

Nun sinkt aber die Zahl:

$$\frac{\left(\frac{m+3\mu}{2} + \mu + 1\right)! \, m!}{(m+3\mu)!} \cdot R^{m+3\mu} = \frac{m! \, R^{m+3\mu}}{\left(\frac{m+\mu}{2} + 2\mu + 2\right) \left(\frac{m+\mu}{2} + 2\mu + 3\right) \cdots (m+3\mu)}$$

mit wachsendem μ unter alle Grenzen, wie gross auch m und R sein mögen. Ist nun $B_3 \neq 0$, so setze ich $\dfrac{R}{\sqrt[3]{B_3}} = R_1$, so giebt es eine Zahl A_1, derart, dass

$$C_{m,1} < \varepsilon_\mu \cdot A_1 \cdot R_1{}^{m+3\mu}, \quad \varepsilon_\mu = \dfrac{\left(\dfrac{m+3\mu}{2} + \mu + 1\right)! \, m!}{(m+3\mu)!}.$$

Durch genügend grosse Wahl der Zahl μ kann ich die rechte Seite dieser Ungleichheit kleiner machen als jede, beliebig klein vorgelegte Grösse. Folglich kann die Bedingung für jedes μ nur dann erfüllt sein, wenn $C_{m,1} = 0$. Und dieses müsste für jedes m gelten. Also, ausser wenn unsere Gleichung lautet:

$$\dfrac{\partial z}{\partial x} = f_0(y) \cdot z + f_1(y) \dfrac{\partial z}{\partial y} + f_2(y) \cdot \dfrac{\partial^2 z}{\partial y^2},$$

wo das Integral unter allen Umständen $z = 0$ ist, muss die oben gemachte Voraussetzung $B_3 \neq 0$ falsch sein, es muss sein: $B_3 = 0$.

Unter Berücksichtigung von 17. erhalte ich also als zweite nothwendige Bedingung: $f_0(y)$ muss eine ganze Function, höchstens vom zweiten Grade sein.

$$f_0(y) = B_0 + B_1 y + B_2 y^2.$$

Aber ebenso ergiebt sich noch eine dritte Bedingung (indem ich statt $\dfrac{C_2}{2}: C_2$ setze):

$$A_1^{(m+1)} = \cdots + (m+1) \cdot m \cdot C_2 \cdot C_{m,1} + \cdots < 2 \cdot C_{m+1,2},$$
$$A_2^{(m+2)} = \cdots + (m+2) \cdot (m+1) \cdot C_2 \cdot C_{m+1,2} + \cdots < 3 \cdot C_{m+2,3},$$
$$\cdots\cdots\cdots\cdots\cdots\cdots\cdots\cdots$$
$$A_\mu^{(m+\mu)} = \cdots + (m+\mu)(m+\mu-1) \cdot C_2 \cdot C_{m+\mu-1,\mu} + \cdots < (\mu+1) \cdot C_{m+\mu,\mu+1}$$

$$\dfrac{(m+\mu)!}{m!} \cdot \dfrac{(m+\mu-1)!}{(m-1)!} \cdot C_2{}^\mu \cdot C_{m,1} < (\mu+1)! \, C_{m+\mu,\mu+1}$$

Ich wähle wieder μ so, dass $m+\mu$ gerade.

$$C_{m+\mu,\mu+1} < \dfrac{\left(\dfrac{m+\mu}{2}+\mu\right)!}{(\mu+1)!} \cdot A \cdot R^{m+\mu},$$

$$C_2{}^\mu \cdot C_{m,1} < \dfrac{\left(\dfrac{m+\mu}{2}+\mu\right)! \, m! \, (m-1)!}{(m+\mu)! \, (m+\mu-1)!} \cdot A \cdot R^{m+\mu}.$$

Setze ich unter der Voraussetzung, dass $C_2 \neq 0$, $\dfrac{R}{C_2} = R_1$, so giebt es eine Zahl A_1, dass

$$C_{m,1} < \dfrac{\left(\dfrac{m+\mu}{2}+\mu\right)! \, m! \, (m-1)!}{(m+\mu)! \, (m+\mu-1)!} A_1 \cdot R_1{}^{m+\mu} = \mathsf{E}_\mu.$$

Bilde ich den Quotienten:

$$\frac{E_{\mu+2}}{E_\mu} = \frac{\left(\frac{m+\mu}{2}+\mu+3\right)\left(\frac{m+\mu}{2}+\mu+2\right)\cdot\left(\frac{m+\mu}{2}+\mu+1\right)}{(m+\mu+2)(m+\mu+1)^2\cdot(m+\mu)}\cdot R_1^2,$$

so ist leicht ersichtlich, dass derselbe mit wachsendem μ unter alle Grenzen sinkt, was auch R_1 und m seien. Daraus folgt, dass auch $\lim_{\mu=\infty}(E_\mu)=0$, und unter Anwendung desselben Schlussverfahrens wie oben:

$$C_2 = 0.$$

Es muss $f_1(y)$ eine ganze, lineare Function sein. $f_1(y) = C_0 + C_1 y$.
Somit habe ich in unserm Falle 1. die nothwendigen Bedingungen:

1. $f_2(y) = D$, eine Constante.
2. $f_1(y) = C_0 + C_1 y$, linear.
3. $f_0(y) = B_0 + B_1 y + B_2 y^2$, ganz, vom zweiten Grade.
4. $f(y)$ eine ganze, transcendente Function, deren Coefficienten kleiner oder gleich denen einer Reihe: $A\cdot(e^{\varrho^2 r^2} + \varrho y\cdot e^{\varrho^2 r^2})$ sind.

Diese Bedingungen reichen auch hin. Es sei nämlich:

$$f(y) = a\left(1 + Ry + \frac{1!}{2!}\cdot R^2 y^2 + \frac{1!}{3!} R^3 y^3 + \cdots\right).$$

$$f_0(y) = b(1 + y + y^2),\ f_1(y) = c(1+y),\ f_2(y) = d.$$

Die $C_{m,1}$ bestimme ich $= a_m$, also:

$$C_{2\nu,1} = \nu!\, a\cdot R^{2\nu},\ C_{2\nu+1,1} = \nu!\, a\cdot R^{2\nu+1},$$

so wird (s. S. 28):

$$A_1^{(2\nu)} = a\cdot b\cdot(\nu! R^{2\nu} + 2\nu\cdot(\nu-1)! R^{2\nu-1} + 2\nu\cdot(2\nu-1)\cdot(\nu-1)! R^{2\nu-2}) +$$
$$+ a\cdot c\cdot(\nu! R^{2\nu+1} + 2\nu\cdot\nu! R^{2\nu}) + a\cdot d\cdot(\nu+1)! R^{2\nu+2}$$
$$<(\nu+1)!\, a\cdot R^{2\nu}\cdot\varrho',\ \varrho' = \frac{b}{R^2}(R^2 + 2R + 4) + c\cdot(R+2) + d\cdot R^2$$

$$A_1^{(2\nu+1)} = a\cdot b\cdot(\nu! R^{2\nu+1} + (2\nu+1)\cdot\nu! R^{2\nu} + (2\nu+1)\cdot 2\nu\cdot(\nu-1)! R^{2\nu-1}) +$$
$$+ a\cdot c\cdot[(\nu+1)! R^{2\nu+2} + 2\nu+1)\cdot\nu! R^{2\nu+1}] + a\cdot d\cdot(\nu+1)! R^{2\nu+3}$$
$$<(\nu+1)!\, a\cdot R^{2\nu+1}\cdot\varrho',\ \varrho' = \frac{b}{R^2}(R^2 + 2R + 4) + c\cdot(R+2) + d\cdot R^2.$$

Setze ich nun:

$$C_{2\nu,2} = \frac{(\nu+1)!}{2}\cdot a\cdot R^{2\nu}\cdot\varrho';\ C_{2\nu+1} = \frac{(\nu+1)!}{2} a\cdot R^{2\nu+1}\cdot\varrho',$$

so ist $A_1^{(m)} < 2C_{m,2}$. Ich berechne nun $A_2^{(m)}$ und erhalte natürlich:

$$A_2^{(2\nu)} < \frac{(\nu+2)!}{2}\cdot a\cdot R^{2\nu}\cdot\varrho'^2;\ A_2^{(2\nu+1)} < \frac{(\nu+2)!}{2}\cdot a\cdot R^{2\nu+1}\cdot\varrho'^2.$$

Ich setze also:
$$C_{2\nu,3} = \frac{(\nu+2)!}{3!} \cdot a \cdot R^{2\nu} \cdot \varrho'^2, \quad C_{2\nu+1,3} = \frac{(\nu+2)!}{3!} \cdot a \cdot R^{2\nu+1} \cdot \varrho'^2,$$

so dass $A_3^{(m)} < 3 C_{m,3}$. Nun berechne ich ebenso $A_3^{(m)}$ und ein $C_{m,4}$ und so fort; es wäre:

$$C_{2\nu,\mu} = \frac{(\nu+\mu-1)!}{\mu!} \cdot a \cdot R^{2\nu} \cdot \varrho'^{\mu+1}, \quad C_{2\nu+1,\mu} = \frac{(\nu+\mu-1)!}{\mu!} \cdot a \cdot R^{2\nu+1} \cdot \varrho'^{\mu+1}.$$

Aber die Reihe:
$$a \cdot R^{2\nu} \cdot \nu! \left(x + \frac{\nu+1}{1 \cdot 2} \cdot x^2 + \frac{(\nu+1)(\nu+2)}{1 \cdot 2 \cdot 3} \cdot x^3 + \cdots + \frac{(\nu+\mu-1)\cdots(\nu+1)}{\mu!} x^\mu + \cdots \right)$$

ist convergent (Radius 1), also existiren Integrale.

23. Zweiter Fall. Der Coefficient von $\frac{\partial^2 z}{\partial y^2}$ ist eine lineare Function von y:
$$D_0 + D_1 y.$$

$$A_1^{(m-1)} = \cdots + (m-1) \cdot D_1 \cdot C_{m,1} + \cdots < 2 C_{m-1,2},$$
$$A_2^{(m-2)} = \cdots + (m-2) \cdot D_1 \cdot C_{m-1,2} + \cdots < 3 C_{m-2,3},$$
$$\cdots\cdots\cdots\cdots\cdots\cdots\cdots\cdots\cdots\cdots$$
$$A_{m-1}^{(1)} = \cdots + D_1 \cdot C_{2,m-1} + \cdots < m \cdot C_{1,m}$$

$$(m-1)! \, D_1^{m-1} \, C_{m1} < m! \, C_{1,m} < m! \, A^{(1)} \cdot r^m \quad \text{(S. 21.)}$$
$R > r, \; A > A^{(1)}:$
$$C_{m,1} < A \cdot R^m.$$

Die erste Bedingung ist also folgende: Die Coefficienten der Reihe $f(y)$ müssen sämmtlich kleiner sein, als die einer Reihe $A \cdot e^{Ry}$.

Mit Hilfe desselben Schlussverfahrens erhalte ich die weiteren Ungleichungen:
$$C_{m,\mu} < \frac{(m+1)(m+2)\cdots(m+\mu-1)}{\mu!} \cdot A \cdot R^{m+\mu-1}.$$

Dazu kommen aber folgende Bedingungen:
$$A_1^{(m+2)} = \cdots + (m+2)(m+1) \cdot B_2 \cdot C_{m,1} + \cdots < 2 \cdot C_{m+2,2} \left(B_2 = \frac{b_2}{2!} \right),$$
$$A_2^{(m+4)} = \cdots + (m+4)(m+3) \cdot B_2 \, C_{m+2,1} + \cdots < 3 \cdot C_{m+4,3},$$
$$\cdots\cdots\cdots\cdots\cdots\cdots\cdots\cdots\cdots\cdots$$
$$A_\mu^{(m+2\mu)} = \cdots + (m+2\mu)(m+2\mu-1) \cdot B_2 \, C_{m+2(\mu-1),\mu} + \cdots < (\mu+1) C_{m+2\mu,\mu+1}$$

$$\frac{(m+2\mu)!}{m!} B_2^\mu \cdot C_{m,1} < (\mu+1)! \, C_{m+2\mu,\mu+1}$$
$$< \frac{(m+\mu)!}{m!} \cdot A \cdot R^{m+3\mu}.$$

Da nun $\frac{(m+\mu)!}{(m+2\mu)!} \cdot R^{m+3\mu}$ mit wachsendem μ für jedes m und für jedes R unter alle Grenzen sinkt, so gilt derselbe Schluss, der schon mehrmals angewandt wurde: Soll nicht sein $f(y) = 0$, so muss $B_2 = 0$ sein, d. h. $f_0(y) = B_0 + B_1 y$, eine lineare Function.

Aber ebenso wie in Fall 1. muss natürlich auch $f_1(y)$ linear sein. Ich erhalte also für Fall 2. die folgenden nothwendigen Bedingungen:

1. $f_2(y) = D_0 + D_1 y$, linear.
2. $f_1(y) = C_0 + C_1 y$, linear.
3. $f_0(y) = B_0 + B_1 y$, linear.
4. $f(y)$ eine ganze, transcendente Function, deren Coefficienten nicht grösser sind, als die einer Reihe $A \cdot e^{Ry}$.

Diese Bedingungen reichen auch hin.

Sei nämlich:
$$f(y) = a \cdot \left(1 + Ry + \frac{R^2 y^2}{2!} + \cdots\right)$$
$$f_0(y) = b(1+y),\ f_1(y) = c \cdot (1+y),\ f_2(y) = d(1+y),$$

so ist:
$$A_1^{(m)} = a \cdot b \cdot (R^m + m \cdot R^{m-1}) + a \cdot c (R^{m+1} + m \cdot R^m) + a \cdot d \cdot (R^{m+2} + m R^{m+1})$$
$$< m \cdot a \cdot R^m \cdot \varrho',\ \varrho' = (b + c \cdot R + d R^2) \cdot \left(1 + \frac{1}{R}\right).$$

Ich setze nun:
$$C_{m,2} = \frac{m}{2} \cdot a \cdot R^m \cdot \varrho',\ \text{so ist}\ A_1^{(m)} < 2 C_{m,2}$$

und:
$$A_2^{(m)} =$$
$$\frac{1}{2}\{a \cdot b \cdot (m R^m + m(m-1) \cdot R^{m-1}) + a \cdot c ((m+1) R^{m+1} + m^2 \cdot R^m) + a d \cdot ((m+2) R^{m+1} + m(m+1) R^{m+1})\}$$
$$< \frac{m \cdot (m+2)}{2} \cdot a \cdot R^m \cdot \varrho'^2,\ \varrho' = (b + cR + dR^2)\left(1 + \frac{1}{R}\right).$$

$$C_{m,3} = \frac{m \cdot (m+2)}{3!} \cdot a \cdot R^m \cdot \varrho'^2,\ A_2^{(m)} < 3 \cdot C_{m,3}.$$

$$A_3^{(m)} < \frac{m \cdot (m+2) \cdot (m+4)}{3!} a \cdot R^m \cdot \varrho'^3,\ C_{m,4} = \frac{m(m+2)(m+4)}{4!} a \cdot R^m \cdot \varrho'^3.$$

Fahre ich auf diese Weise fort, so erhalte ich allgemein:
$$C_{m,\mu} = \frac{m \cdot (m+2) \cdots (m+2[\mu-2])}{\mu!} \cdot a \cdot R^m \cdot \varrho'^{\mu-1}.$$

Aber die Reihe:
$$C_{m,1} \cdot x + C_{m,2} x^2 + \cdots + C_{m,\mu} \cdot x^\mu + \cdots$$
ist gewiss convergent $\left(\text{Radius}\ \frac{1}{2\varrho'}\right)$, also existiren für das System Integrale.

24. Dritter Fall. Der Coefficient von $\dfrac{\partial^2 z}{\partial y^2}$ ist vom zweiten Grade:

$$f_2(y) = D_0 + D_1 y + D_2 \cdot y^2.$$

Wie im Fall 2 bewiesen, muss sein (s. S. 32):

$$C_{m,\mu} < \frac{(m+\mu-1)\cdots(m+1)}{\mu!} \cdot A \cdot R^{m+\mu-1} < \binom{m+\mu-1}{\mu} \cdot A \cdot R^{m+\mu-1}.$$

Nun ist aber $2^\nu = (1+1)^\nu = \sum_0^\nu \binom{\nu}{\mu}$, also $\binom{\nu}{\mu} < 2^\nu$. Ist R eine fest vorgelegte Grösse, so existirt also gewiss eine Grösse R_1, die der Bedingung genügt: $R_1^\nu \geq \binom{\nu}{\mu} \cdot R^\nu$, was auch ν und μ sein mögen. Also muss es eine Zahl R_1 geben, dass allgemein:

$$C_{m,\mu} < A \cdot R_1^{m+\mu-1}.$$

Ich beachte nun folgende Ungleichungen:

$$A_\nu^{(m)} = \cdots + m \cdot (m-1) \cdot D_2 \cdot C_{m,\nu} + \cdots < (\nu+1) \cdot C_{m,\nu+1},$$
$$A_{\nu+1}^{(m)} = \cdots + m \cdot (m-1) \cdot D_2 \cdot C_{m,\nu+1} + \cdots < (\nu+2) \cdot C_{m,\nu+2},$$
$$\cdots\cdots\cdots\cdots\cdots\cdots\cdots\cdots\cdots\cdots\cdots\cdots\cdots$$
$$A_{\nu+\mu-1}^{(m)} = \cdots + m \cdot (m-1) \cdot D_2 \cdot C_{m,\mu+\nu-1} + \cdots < (\nu+\mu) \cdot C_{m,\nu+\mu}$$

$$m^\mu \cdot (m-1)^\mu \cdot D_2^\mu \cdot C_{m,\nu} < \frac{(\mu+\nu)!}{\nu!} \cdot C_{m,\mu+\nu}$$
$$< \binom{\mu+\nu}{\mu} \cdot \mu! \, A \cdot R_1^{m+\mu+\nu-1}$$
$$< \mu^\mu \cdot A \cdot R_2^{m+\mu+\nu-1}$$
$$C_{m,\nu} < \left(\frac{\mu}{m \cdot (m-1)} \cdot \frac{R_2}{D_2}\right)^\mu \cdot A \cdot R_2^{m+\nu-1}$$

Seien nun $\varepsilon < \varepsilon'$ zwei echte Brüche, so ist klar, dass von einem bestimmten m an sich immer μ so angeben lässt, dass:

$$\varepsilon < \frac{\mu}{m \cdot (m-1)} \cdot \frac{R_2}{D_2} < \varepsilon', \quad \mu > \frac{\varepsilon \cdot D_2}{R_2} \cdot m \cdot (m-1).$$

Dann ist gewiss stets:

$$\left(\frac{\mu}{m \cdot (m-1)} \cdot \frac{R_2}{D_2}\right)^\mu < \varepsilon'^{\frac{\varepsilon \cdot D_2}{R_2} \cdot m \cdot (m-1)} < \left(\frac{1}{\Re}\right)^{m(m-1)}, \quad \Re > 1$$

$$C_{m,\nu} < \frac{A_1}{\Re^{m^2}} \cdot (R_2 \cdot \Re)^m \cdot R_2^{\nu-1} < \frac{\mathfrak{A}}{\Re_1^{m^2}} \cdot R_2^{\nu-1}.$$

Es ist klar, dass sich solche Zahlen $\mathfrak{A}$ und $\Re_1$ bestimmen lassen müssen. Mit anderen Zeichen geschrieben, ergiebt sich also als erste Bedingung:

$$C_{m,\nu} < \frac{A}{R^{m^2}} \cdot \varrho^{\nu-1}; \; R, \varrho > 1.$$

Also:
$$a_m < C_{m,1} < \frac{A}{R^{m^2}},$$

d. h. die Coefficienten von $f(y)$ müssen kleiner sein, als die einer Reihe:
$$A \cdot \left(1 + \frac{y}{R} + \frac{1}{2!} \cdot \frac{y^2}{R^4} + \cdots + \frac{1}{m!} \cdot \frac{y^m}{R^{m^2}} + \cdots\right),$$
wofür man auch sagen kann: kleiner als die einer Reihe:
$$A_1 \cdot \left(1 + \frac{y}{R_1} + \frac{y^2}{R_1^4} + \cdots + \frac{y^m}{R_1^{m^2}} + \cdots\right).$$

Es müssen aber ferner folgende Ungleichungen bestehen:
$$A_1^{(m+1)} < \cdots + (m+1) \cdot B_1 \cdot C_{m,1} + \cdots < 2 \, C_{m+1,2},$$
$$A_2^{(m+2)} < \cdots + (m+2) \cdot B_1 \cdot C_{m+1,2} + \cdots < 3 \cdot C_{m+2,3},$$
$$\cdots \cdots \cdots$$
$$A_\mu^{(m+\mu)} < \cdots + (m+\mu) \cdot B_1 \cdot C_{m+\mu-1,\mu} + \cdots < (\mu+1) \cdot C_{m+\mu,\mu+1}$$

$$\frac{(m+\mu)!}{m!} \cdot B_1^\mu \cdot C_{m,1} < (\mu+1)! \, C_{m+\mu,\mu+1} < \frac{(\mu+1)! \, A}{R^{(m+\mu)^2}} \cdot \varrho^\mu$$

$$B_1^\mu \cdot C_{m,1} < \frac{A}{R^{(m+\mu)^2}} \cdot \varrho^\mu.$$

Aber $\frac{A}{R^{(m+\mu)^2}} \cdot \varrho^\mu$ sinkt mit wachsendem μ unter alle Grenzen, was auch ϱ sein mag, da $R > 1$. Es gilt also das wiederholt gemachte Schlussverfahren: Soll $f(y) \neq 0$ sein, so muss $B_1 = 0$, $f_0(y) = B_0$ eine Constante sein.

Ebenso wie in den früheren Fällen muss $f_1(y)$ linear sein.

Wir erhalten also für Fall 3 folgende Bedingungen:

1. $f_2(y) = D_0 + D_1 y + D_2 y^2$, vom zweiten Grade.
2. $f_1(y) = C_0 + C_1 y$, linear.
3. $f_0(y) = B_0$, eine Constante.
4. $f(y)$ eine ganze Transcendente, mit Coefficienten, kleiner als die einer Reihe
$$A \cdot \left(1 + \frac{y}{R} + \frac{1}{2!} \cdot \frac{y^2}{R^4} + \cdots + \frac{1}{m!} \cdot \frac{y^m}{R^{m^2}} + \cdots\right), \; R > 1$$
oder auch:
$$A_1 \left(1 + \frac{y}{R_1} + \frac{y^2}{R_1^4} + \cdots + \frac{y^m}{R_1^{m^2}} + \cdots\right), \; R_1 > 1,$$
was dasselbe bedeutet.

Diese Bedingungen reichen auch hin.

Sei nämlich:
$$f(y) = a \cdot \left(1 + \frac{y}{R} + \frac{1}{2!}\frac{y^2}{R^4} + \cdots + \frac{1}{m!}\cdot\frac{y^m}{R^{m^2}} + \cdots\right),$$
$$f_0(y) = b;\ f_1(y) = c \cdot (1 + y);\ f_2(y) = d \cdot (1 + y + y^2),$$
so ist allgemein:
$$A_\nu^{(m)} = b \cdot C_{m,\nu} + c \cdot (C_{m+1,\nu} + m \cdot C_{m,\nu}) + d \cdot (C_{m+2,\nu} + m \cdot C_{m+1,\nu} + m \cdot (m+1) C_{m,\nu}).$$

Es ist klar, dass man eine Grösse ϱ bestimmen kann, derart, dass für jedes m:
$$A_\nu^{(m)} < \varrho \cdot (C_{m+2,\nu} + [m+1] \cdot C_{m+1,\nu} + m^2 \cdot C_{m,\nu}).$$

Setze ich nun
$$C_{m,1} = a_m = \frac{a}{R^{m^2}},$$
so ist:
$$A_1^{(m)} < \varrho \cdot a \cdot \left(\frac{1}{R^{(m+2)^2}} + \frac{m+1}{R^{(m+1)^2}} + \frac{m^2}{R^{m^2}}\right) = 2\, C_{m,2},$$

$$2 A_2^{(m)} < \varrho^2 \cdot a \cdot \left\{ \frac{1}{R^{(m+4)^2}} + \frac{m+3}{R^{(m+3)^2}} + \frac{(m+2)^2}{R^{(m+2)^2}}\right.$$
$$+ \frac{m+1}{R^{(m+2)^2}} + \frac{(m+1)(m+2)}{R^{(m+2)^2}} + \frac{(m+1)^3}{R^{(m+1)^2}}$$
$$\left. + \frac{m^2}{R^{(m+2)^2}} + \frac{m^2(m+1)}{R^{(m+1)^2}} + \frac{m^4}{R^{m^2}}\right\}$$
$$< 3\, \varrho^2 \cdot a \cdot \left(\frac{1}{R^{(m+4)^2}} + \frac{m+3}{R^{(m+3)^2}} + \frac{(m+2)^2}{R^{(m+2)^2}} + \frac{(m+1)^3}{R^{(m+1)^2}} + \frac{m^4}{R^{m^2}}\right) = 2 \cdot 3 \cdot C_{m,3}.$$

Allgemein:
$$\nu!\, C_{m,\nu} = a \cdot 3^{\nu-2} \cdot \varrho^{\nu-1} \cdot \left(\frac{1}{R^{(m+2(\nu-1))^2}} + \frac{m+2\nu-3}{R^{(m+2\nu-3)^2}} + \cdots + \frac{m^{2(\nu-1)}}{R^{m^2}}\right)$$

gesetzt, giebt für:
$$\nu!\, A_\nu^{(m)} < a \cdot 3^{\nu-2} \cdot \varrho^\nu \cdot \left\{ \frac{1}{R^{(m+2\nu)^2}} + \frac{m+2\nu-1}{R^{(m+2\nu-1)^2}} + \cdots + \frac{(m+2)^{2(\nu-1)}}{R^{(m+2)^2}}\right.$$
$$+ \frac{m+1}{R^{(m+2\nu-1)^2}} + \frac{(m+1)(m+2\nu-2)}{R^{(m+2\nu-2)^2}} + \cdots + \frac{(m+1)^{2\nu-1}}{R^{(m+1)^2}}$$
$$\left. + \frac{m^2}{R^{(m+2\nu-2)^2}} + \frac{m^2(m+2\nu-3)}{R^{(m+2\nu-3)^2}} + \cdots + \frac{m^{2\nu}}{R^{m^2}}\right\}$$
$$< a \cdot 3^{\nu-1} \cdot \varrho^\nu \cdot \left(\frac{1}{R^{(m+2\nu)^2}} + \frac{m+2\nu-1}{R^{(m+2\nu-1)^2}} + \frac{(m+2\nu-2)^2}{R^{(m+2\nu-2)^2}} + \cdots + \frac{m^{2\nu}}{R^{m^2}}\right).$$
$$= (\nu+1)!\, C_{m,\nu+1}$$

Also ist die Bedingung: $A_\nu^{(m)} < (\nu+1)!\, C_{m,\nu+1}$ erfüllt.

Andererseits ist die Reihe:
$$C_{m,1} x + C_{m,2} x^2 + \cdots$$
convergent.

Setze ich nämlich $\varepsilon = \dfrac{1}{e \cdot lg R}$, so ist: $\dfrac{1}{R^{m^2}} \leq \left(\dfrac{\mu}{m^2} \cdot \varepsilon\right)^\mu$, was auch μ und m sein mögen. Bestimme ich nämlich die Stelle des Minimalwerthes der Function von μ: $\left(\dfrac{\mu}{m^2} \cdot \varepsilon\right)^\mu$, welche für die Function $\mu \cdot lg \left(\dfrac{\mu}{m^2} \varepsilon\right)$ dieselbe ist, indem ich setze:

$$\frac{d}{d\mu}\left[\mu \cdot lg \frac{\mu}{m^2} \varepsilon\right] = 0,$$

$$lg \frac{\mu}{m^2} \cdot \varepsilon + 1 = 0,$$

so erhalte ich:

$$\frac{\mu}{m^2} \cdot \varepsilon = e^{-1}, \quad \mu = \frac{m^2}{\varepsilon \cdot e} = m^2 \cdot lg R.$$

Der Minimalwerth selbst ist also:

$$\left(\frac{\mu}{m^2} \cdot \varepsilon\right)^\mu = e^{-m^2 \cdot lg R} = R^{-m^2},$$

das heisst für jedes μ ist: $\left(\dfrac{\mu}{m^2} \cdot \varepsilon\right)^\mu \geq \dfrac{1}{R^{m^2}}$.

Ersetze ich nun in dem Ausdrucke für $\nu! \, C_{m\nu}$:

$$\frac{1}{R^{m^2}}, \; \frac{1}{R^{(m+1)^2}}, \ldots$$

durch die grösseren Werthe:

$$\left(\frac{\nu-1}{m^2} \cdot \varepsilon\right)^{\nu-1}, \; \left(\frac{\nu-1}{(m+1)^2} \varepsilon\right)^{\nu-1}, \ldots$$

so ist sicher:

$$\nu! \, C_{m\nu} < a \cdot 3^{\nu-2} \cdot \varrho^{\nu-1} \cdot (2\nu-1) \cdot (\nu-1)^{\nu-1} \cdot \varepsilon^{\nu-1}$$

oder, wenn ich setze $3\varrho\varepsilon = \varrho'$, so ist:

$$C_{m\nu} < a \cdot \frac{(\nu-1)^{\nu-1}}{(\nu-1)!} \cdot \varrho'^{\nu-1}.$$

Aber die Reihe:

$$a \cdot \left(x + \varrho' \cdot x^2 + \frac{2^2}{2!} \cdot \varrho'^2 \cdot x^3 + \cdots + \frac{\nu^\nu}{\nu!} \cdot \varrho'^\nu \cdot x^{\nu+1} + \cdots\right)$$

ist convergent $\left(\text{Radius } \dfrac{1}{e \cdot \varrho'}\right)$, also erst recht:

$$C_{m1} x + C_{m2} x^2 + \cdots$$

Damit ist die Existenz des Integrals bewiesen.

25. Allgemeiner Fall. Mit den behandelten drei Fällen sind alle Fälle erschöpft, in denen unsere lineare Differentialgleichung in Potenzreihen entwickelbare Integrale hat. Wenn nämlich in $f_2(y)$ noch höhere Potenzen als die zweite vorkommen, so müssen folgende Ungleichungen bestehen:

$$\left(\text{Ich setze } \frac{d_3}{3!} = D_3, \text{ nach S. 23 ist } D_3 \lessgtr 0\right)$$

$$A_1^{(m+1)} = \cdots + (m+1)(m+2)(m+3) \cdot D_3 \cdot C_{m,1} + \cdots < 2 C_{m+1,2},$$
$$A_2^{(m+2)} = \cdots + (m+2)(m+3)(m+4) \cdot D_3 \cdot C_{m+1,2} + \cdots < 3 \cdot C_{m+2,3}$$
$$\cdots \cdots \cdots \cdots \cdots \cdots \cdots \cdots \cdots \cdots \cdots \cdots \cdots \cdots \cdots \cdots$$
$$A_\mu^{(m+\mu)} = \cdots + (m+\mu)(m+\mu+1)(m+\mu+2) \cdot D_3 \cdot C_{m+\mu-1,\mu} + \cdots < (\mu+1) \cdot C_{m+\mu,\mu+1}$$

$$\frac{(m+\mu)!\,(m+\mu+1)!\,(m+\mu+2)!}{m!\,(m+1)!\,(m+2)!} D_3^\mu \cdot C_{m1} < (\mu+1)!\, C_{m+\mu,\mu+1}$$

Nach S. 35 ist aber:
$$C_{m+\mu,\mu+1} < \frac{A}{R^{(m+\mu)^2}} \cdot \varrho^\mu.$$

Man sieht unmittelbar, dass man μ immer so angeben kann, dass $C_{m,1}$ unter einer beliebig klein angegebenen Zahl liegen muss. Wie schon öfters geschlossen wurde, folgt auch hier: Soll nicht $f(y) = 0$ sein, so muss $D_3 = 0$, $f_2(y)$ also höchstens vom zweiten Grade sein.

26. Mit Rücksicht auf Nr. 7 und 16 erhalten wir demnach folgendes Resultat: Eine Gleichung:

$$\frac{\partial \varepsilon}{\partial x} = F(x,y) + F_0(x,y) \cdot \varepsilon + F_1(x,y) \frac{\partial \varepsilon}{\partial y} + F_2(x,y) \frac{\partial^2 \varepsilon}{\partial y^2}$$

ist für den Anfangswerth $(\varepsilon)_{x=0} = 0$, wenn alle Coefficienten positiv sind, dann und nur dann durch eine Potenzreihe integrirbar, wenn sämmtliche Coefficienten der Gleichung gleich oder kleiner sind als die einer Gleichung

$$\frac{\partial \zeta}{\partial x} = \left(f(y) + f_0(y) \cdot \zeta + f_1(y) \cdot \frac{\partial \zeta}{\partial y} + f_2(y) \frac{\partial^2 \zeta}{\partial y^2} \right) \cdot \varphi(x),$$

wo φ eine convergente Potenzreihe bedeutet, f, f_0, f_1, f_2 entweder den unter Fall 1, oder den unter Fall 2, oder den unter Fall 3 angegebenen Bedingungen genügen.

b) Die allgemeine Gleichung.

27. Ich schreibe die Gleichung:

$$\frac{\partial \varepsilon}{\partial x} = f\left(x, y, \varepsilon, \frac{\partial \varepsilon}{\partial y}, \frac{\partial^2 \varepsilon}{\partial y^2}\right)$$

folgendermassen:

1) $\dfrac{\partial \varepsilon}{\partial x} = \varphi(x,y) + \varphi_0(x,y,\varepsilon) \cdot \varepsilon + \varphi_1\left(x,y,\varepsilon, \dfrac{\partial \varepsilon}{\partial y}\right) \cdot \dfrac{\partial \varepsilon}{\partial y} + \varphi_2\left(x,y,\varepsilon, \dfrac{\partial \varepsilon}{\partial y}, \dfrac{\partial^2 \varepsilon}{\partial y^2}\right) \cdot \dfrac{\partial^2 \varepsilon}{\partial y^2};$

$\varphi, \varphi_0, \varphi_1, \varphi_2$ sind Potenzreihen in den angegebenen Variabeln mit positiven Coefficienten.

Angenommen nun, die Gleichung habe eine Potenzreihe als Integral, so müssen zunächst die sämmtlichen Coefficienten derselben positiv sein, also, wenn ich die Werthe für $\varepsilon, \dfrac{\partial \varepsilon}{\partial y}, \dfrac{\partial^2 \varepsilon}{\partial y^2}$ in $\varphi_0, \varphi_1, \varphi_2$ einsetze, müssen in der resultirenden Gleichung:

2) $\dfrac{\partial \varepsilon}{dx} = \psi(x,y) + \psi_0(x,y) \cdot \varepsilon + \psi_1(x,y) \cdot \dfrac{\partial \varepsilon}{\partial y} + \psi_2(x,y) \cdot \dfrac{\partial^2 \varepsilon}{\partial y^2}$

ψ_0, ψ_1, ψ_2 mindestens ebenso hohe Potenzen von y enthalten, als $\dfrac{\partial^2 \varepsilon}{\partial y^2}$. Nun muss sich aber für 2. offenbar genau dasselbe Integral ergeben, als für 1. Also muss 2. den aufgestellten Bedingungen genügen, in ψ_0, ψ_1, ψ_2 darf höchstens die zweite Potenz von y stehen, ε darf höchstens vom vierten Grade in y sein. Bei Berechnung der Potenzreihen müssen sich also als identisch Null ergeben:
$$\dfrac{\partial^5 \varepsilon}{\partial y^5}, \dfrac{\partial^6 \varepsilon}{\partial y^6}, \ldots$$

Ich differenzire nun Gleichung 1 viermal partiell nach y, setze:

$$\varepsilon = \varepsilon_0,\ \dfrac{\partial \varepsilon}{\partial y} = \varepsilon_1,\ \dfrac{\partial^2 \varepsilon}{\partial y^2} = \varepsilon_2,\ \dfrac{\partial^3 \varepsilon}{\partial y^3} = \varepsilon_3,\ \dfrac{\partial^4 \varepsilon}{\partial y^4} = \varepsilon_4,\ \dfrac{\partial^5 \varepsilon}{\partial y^5} = \cdots = 0,$$

so erhalte ich ein endliches System von Differentialgleichungen:

$$\dfrac{d\varepsilon_0}{dx} = F_0(x, \varepsilon_0, \varepsilon_1, \varepsilon_2),$$

$$\dfrac{d\varepsilon_1}{dx} = F_1(x, \varepsilon_0, \varepsilon_1, \varepsilon_2, \varepsilon_3),$$

$$\cdots \cdots \cdots \cdots \cdots$$

$$\dfrac{d\varepsilon_4}{dx} = F_4(x, \varepsilon_0, \varepsilon_1, \varepsilon_2, \varepsilon_3, \varepsilon_4),$$

wo y als Parameter in den Coefficienten vorkommt. Dies System ist natürlich integrirbar und $\varepsilon = \varepsilon_0$ ist zugleich Integral der Gleichung 1.

Sieht man aber von diesen (übrigens leicht zu discutirenden) Fällen ab, so kann man sagen: $\dfrac{\partial \varepsilon}{\partial x} = f\left(x, y, \varepsilon, \dfrac{\partial \varepsilon}{\partial y}, \dfrac{\partial^2 \varepsilon}{\partial y^2}\right)$ lässt sich nur dann integriren, wenn $\varepsilon, \dfrac{\partial \varepsilon}{\partial y}, \dfrac{\partial^2 \varepsilon}{\partial y^2}$ rechts nur in erster Potenz vorkommen.

28. Die gewonnenen Resultate lassen sich in folgendem Satz zusammenfassen:

Sei $\dfrac{\partial \varepsilon}{\partial x} = F\left(x, y, \varepsilon, \dfrac{\partial \varepsilon}{\partial y}, \dfrac{\partial^2 \varepsilon}{\partial y^2}\right)$ eine Gleichung, deren rechte Seite, um die Anfangswerthe:

$$x = x_0,\ y = y_0,\ \varepsilon = (\varepsilon)_{x=x_0} = \varepsilon_0(y),\ \dfrac{\partial \varepsilon}{\partial y} = \dfrac{\partial \varepsilon_0}{\partial y},\ \dfrac{\partial^2 \varepsilon}{\partial y^2} = \dfrac{\partial^2 \varepsilon_0}{\partial y^2}$$

$$[\varepsilon_0(y) = a + b(y - y_0) + c \cdot (y - y_0)^2 + \cdots]$$

entwickelt, eine Taylor'sche Reihe mit lauter positiven Coefficienten liefert, so hat sie dann und nur dann eine Potenzreihe als Integral, wenn folgende Bedingungen erfüllt sind (wobei der Kürze halber gesetzt werde: $x - x_0 = \bar{x}$, $y - y_0 = \bar{y}$, $z - z_0 = \bar{z}$)

1. Die rechte Seite muss in $\bar{z}$, $\dfrac{\partial \bar{z}}{\partial y}$, $\dfrac{\partial^2 \bar{z}}{\partial y^2}$ linear sein. Die Gleichung muss also lauten:

$$\frac{\partial \bar{z}}{\partial x} = f(\bar{x}, \bar{y}) + f_0(\bar{x}, \bar{y}) \cdot \bar{z} + f_1(\bar{x}, \bar{y}) \cdot \frac{\partial \bar{z}}{\partial y} + f_2(\bar{x}, \bar{y}) \cdot \frac{\partial^2 \bar{z}}{\partial y^2}.$$

2. In f_1 darf nur die erste Potenz von $\bar{y}$ vorkommen, in f_2 und f_0 höchstens die zweite und zwar:

a) wenn f_2 von $\bar{y}$ unabhängig, in f_0 höchstens die zweite,
b) wenn f_2 in $\bar{y}$ linear, in f_0 höchstens die erste,
c) wenn f_2 in $\bar{y}$ vom 2ten Grade, muss f_0 von $\bar{y}$ unabhängig sein.

In x hingegen sind f_0, f_1, f_2 beliebige Potenzreihen.

3. Für f gilt in den sub 2 unterschiedenen drei Fällen:

a) alle Coefficienten kleiner als die einer Reihe:

$$(e^{\varrho^2} \cdot \bar{v}^2 + \varrho \cdot \bar{y} \cdot e^{\varrho^2} \bar{v}^2) \cdot \varphi(\bar{x}),$$

b) als die einer Reihe: $e^{\varrho \bar{v}} \cdot \varphi(\bar{x})$,
c) als die einer Reihe:

$$\left(1 + \frac{\bar{y}}{\varrho} + \frac{\bar{y}^2}{\varrho^4} + \frac{\bar{y}^3}{\varrho^9} + \cdots + \frac{\bar{y}^n}{\varrho^{n^2}} + \cdots\right) \varphi(\bar{x}); \; \varrho > 1.$$

$\varphi(\bar{x})$ bedeutet eine beliebige Potenzreihe.

29. **Anmerkung.** Das Integral $\bar{z}$ der Gleichung erfüllt dieselbe Bedingung, welche für $f(\bar{x}, \bar{y})$ unter 3. angegeben ist.

Zerlegt man nämlich f_0, f_1, f_2 beliebig in zwei Theile $f_0 = \varphi_0 + \chi_0$, $\cdots$ und ersetzt in der ersten Hälfte der rechten Seite der Gleichung:

$$\frac{\partial \bar{z}}{\partial x} = \left[f(\bar{x}, \bar{y}) + \varphi_0 \cdot \bar{z} + \varphi_1 \cdot \frac{\partial \bar{z}}{\partial y} + \varphi_2 \cdot \frac{\partial^2 \bar{z}}{\partial y^2}\right]$$
$$+ \chi_0 \cdot \bar{z} + \chi_1 \cdot \frac{\partial \bar{z}}{\partial y} + \chi_2 \cdot \frac{\partial^2 \bar{z}}{\partial y^2}$$

$\bar{z}$ durch die berechnete Potenzreihe in $\bar{x}$ und $\bar{y}$, so bekomme ich eine Gleichung:

$$\frac{\partial \bar{z}}{\partial x} = \Phi(\bar{x}, \bar{y}) + \chi_0 \bar{z} + \chi_1 \frac{\partial \bar{z}}{\partial y} + \chi_2 \cdot \frac{\partial^2 \bar{z}}{\partial y^2},$$

welche genau dasselbe Integral hat, wie die ursprüngliche. Also erfüllt

$$\Phi(\overline{x}, \overline{y}) = f + \varphi_0 \cdot \overline{z} + \varphi_1 \cdot \frac{\partial \overline{z}}{\partial y} + \varphi_2 \cdot \frac{\partial^2 \overline{z}}{\partial y^2}$$

die Bedingung 3, folglich auch $\overline{z}$.

Schlussbemerkungen.

30. Nach zwei Richtungen hin ist nun die Untersuchung fortzusetzen:

I. Sind allgemein Bedingungen, wie die in 28. aufgestellten, herzuleiten für jeden Fall, in welchem nicht die höchste Ableitung nach der bevorzugten Variabeln in der Gleichung steht.

II. Ist die Frage, ob und wie die Gleichung integrirt werden kann, wenn jene Bedingungen nicht erfüllt sind, zu beantworten.

Das erstgenannte Problem muss sich mit denselben Hilfsmitteln lösen lassen, die oben im speciellen Fall zur Anwendung kamen.

Das zweite hingegen wird dieselben Schwierigkeiten involviren, wie das entsprechende Problem bei den gewöhnlichen Differentialgleichungen und den partiellen, in welchen die höchste Ableitung nach der bevorzugten Variabeln steht. Von diesen weiss man, dass das Integral eindeutig bestimmt und in eine Potenzreihe entwickelbar ist, wenn die rechte Seite im Anfangspunkt keine singuläre Stelle hat, das heisst als Potenzreihe um die Anfangswerthe entwickelbar ist. Andernfalls ist es freilich nicht ausgeschlossen, dass die Gleichung in derselben Weise integrirbar ist, aber in sehr vielen Fällen wird es eintreten:

1. dass das Integral nicht mehr um den Anfangspunkt entwickelt werden kann. Gleichwohl wird die Gleichung im Allgemeinen durch eine analytische Function zu befriedigen sein, welche im Anfangspunkte eine Singularität hat.

2. dass das Integral noch eine Willkürlichkeit einschliesst (ein Beispiel bietet die Gleichung $\frac{dz}{dx} = a \cdot \frac{z}{x}, a > 0$, welche für den Anfangswerth $(z)_{x=0} = 0$ das Integral $C \cdot x^a$ hat, C willkürlich).

Unsere Gleichung $\frac{\partial z}{\partial x} = f\left(x, y, z, \frac{\partial z}{\partial y}, \frac{\partial^2 z}{\partial y^2}\right)$ hat ein eindeutig als Potenzreihe entwickelbares Integral, wenn die Bedingungen Nr. 28 erfüllt sind. Andernfalls aber lässt sich diese Möglichkeit nicht allgemein leugnen. Beispielsweise lassen sich auch Gleichungen, in deren rechten Seite höhere Potenzen von z, $\frac{\partial z}{\partial y}$, $\frac{\partial^2 z}{\partial y^2}$ stehen, bei geeignet gewählten Anfangswerthen integriren. Um dies einzusehen, braucht man nur einmal y als bevorzugte Variable zu nehmen, ein Integral $\zeta(y, x)$ zu suchen und als Anfangswerth für unsere Gleichung $(z)_{x=0} \zeta(y, 0)$ zu wählen, so ist $\zeta(y, x)$ das verlangte Integral. In andern Fällen freilich, z. B. immer, wenn alle Coefficienten rechts positiv sind, ist diese Entwickelung unmöglich. Alsdann aber giebt es, wenigstens wenn die rechte Seite sich im Anfangspunkt nicht singulär verhält, überhaupt keine Function von complexen Variabeln, welche der Gleichung und den Anfangsbedingungen genügt. Da sich nämlich aus der rechten Seite durch fortgesetztes Differenziren nach x alle Ableitungen

$$\frac{\partial z_1}{\partial x}, \frac{\partial^2 z}{\partial x^2}, \frac{\partial^3 z}{\partial x^3}, \ldots$$

im Anfangspunkte als endliche Grössen ergeben, so kann z dort weder eine Discontinuität, noch einen Verzweigungspunkt haben (y betrachte ich als Parameter). z wäre um den Anfangspunkt herum eindeutig und endlich, also als Function einer complexen Variabeln in eine Potenzreihe entwickelbar, was der Voraussetzung widerspricht. Man muss also in diesem Fall z als Function reeller Variabeln auffassen, wenigstens im Anfangspunkte. z könnte sehr wohl eine Function complexer Variabeln sein, welche im Anfangspunkte eine wesentliche Discontinuität hat, von der Art das z mit allen seinen Ableitungen beim Fortschreiten auf der reellen Achse der x endlich bleibt. Beispiele solcher Functionen hat Dubois-Reymond gebracht. (Math. Annalen 1883. XXI. S. 109 ff.)

Bei dieser Auffassung würde auch analog den gewöhnlichen Differentialgleichungen eintreten können, dass das Integral noch Willkürlichkeiten enthielt. Hätte z. B. die Gleichung

$$\frac{\partial z}{\partial x} - \frac{x}{2} \cdot (1 + y + y^2 + \cdots) \cdot \frac{\partial^2 z}{\partial y^2} \cdots a)$$

(welche den Bedingungen 28 nicht genügt), für den Anfangswerth $(z)_{x=0} = f(y)$ ein Integral $z(x, y)$ (im allgemeinen mit wesentlicher Discontinuität im Anfangspunkt), so würde ebensogut die Function:

$$\zeta = z(x, y) + C \cdot e^{-\frac{1-y}{x^2}} \quad (C \text{ ganz willkürlich})$$

der Gleichung und den Anfangsbedingungen genügen. Wie die einfache Rechnung zeigt, besteht nämlich zwischen den Differentialquotienten der Function $e^{-\frac{1-y}{x^2}}$ die Beziehung a), also genügt auch $z + C \cdot e^{-\frac{1-y}{x^2}}$ dieser Gleichung. Ausserdem besteht in dem Bereiche $|y| < 1$ (für welchen die Entwickelung der rechten Seite von a) Giltigkeit hat) jedenfalls die Identität:

$$(\zeta)_{x=0} = (z)_{x=0}.$$

Denn als Function der reellen Variabeln x aufgefasst ist (jedenfalls, wenn $y < 1$) $e^{-\frac{1-y}{x^2}}$ (nebst allen seinen Ableitungen) Null für $x = 0$.

Lebenslauf.

Verfasser, Gustav Mie, Sohn des Kaufmanns Amandus Mie, wurde am 29. September 1868 zu Rostock geboren. Seine Schulbildung erhielt er daselbst am Gymnasium der grossen Stadtschule, welches er Michaelis 1886 mit dem Zeugniss der Reife verliess, um sich dem Studium der Mathematik und der Naturwissenschaften zu widmen. Er besuchte die Universitäten Rostock und Heidelberg und bestand auf letzterer am 3. August 1891 das tentamen rigorosum.

Während seiner Studienzeit besuchte er die Vorlesungen folgender Herren Professoren und Docenten: Krause, Matthiessen, Geinitz, Jacobsen, Königsberger, Cantor, Köhler, Schapira, Rosenbusch, Osann, Goldschmidt, Andreæ.

Allen seinen verehrten Lehrern, vor allem Herrn Geh. Rat Königsberger und Herrn Geh. Bergrat Rosenbusch, spricht Verfasser seinen ergebensten Dank aus.